空间与格局
——城市公共艺术的呈现

曾 颖 著

中国水利水电出版社
www.waterpub.com.cn
·北京·

内容提要

伴随着现代绘画、雕塑和现代建筑以及当代公共空间的发展和转型所带来的城市文化新需求，“公共艺术”成为当代城市文化的载体。

城市公共艺术建设的最终目的是为了满足城市人群的行为需求，给人们心目中留下一个城市文化的意象。本书围绕城市公共艺术展开研究，主要包括城市公共艺术概述、发展历程、呈现方式及风格、中外公共艺术案例分析，以及城市公共艺术的发展展望等。

全书结构合理、内容丰富全面，是一本值得学习研究的著作。

图书在版编目 (CIP) 数据

空间与格局 : 城市公共艺术的呈现 / 曾颖著 . — 北京 : 中国水利水电出版社 , 2018.12（2025.6重印）

ISBN 978-7-5170-7283-6

Ⅰ . ①空… Ⅱ . ①曾… Ⅲ . ①城市景观 – 景观设计 – 研究 Ⅳ . ① TU-856

中国版本图书馆 CIP 数据核字（2018）第 291913 号

书　　名	空间与格局——城市公共艺术的呈现 KONGJIAN YU GEJU——CHENGSHI GONGGONG YISHU DE CHENGXIAN
作　　者	曾　颖　著
出版发行	中国水利水电出版社 （北京市海淀区玉渊潭南路 1 号 D 座　100038） 网址：www.waterpub.com.cn E-mail：sales@waterpub.com.cn 电话：（010）68367658（营销中心）
经　　售	北京科水图书销售中心（零售） 电话：（010）88383994、63202643、68545874 全国各地新华书店和相关出版物销售网点
排　　版	北京亚吉飞数码科技有限公司
印　　刷	三河市华晨印务有限公司
规　　格	170mm×240mm　16 开本　15 印张　194 千字
版　　次	2019 年 3 月第 1 版　2025 年 6 月第 4 次印刷
印　　数	0001—2000 册
定　　价	72.00 元

前 言

公共艺术是存在于公共空间并能够在当代文化意义上与社会公众发生关系的一种艺术,体现了公共空间的民主、开放、交流、共享的精神。公共艺术在营造新的城市公共空间与环境景观的同时,也用多种手段创造着城市的新变化,使人文精神包围我们的生活。这种城市文化的精神场可以成为城市风格的助推器。

公共艺术是一门综合性的交叉学科,其艺术形式包括了雕塑、壁画、装置、景观小品、城市家具及指示标志设计等,就近几年的发展来看,其造型设计的范围又扩大到水景灯光、烟雾以及多媒体动态装置等方面。如此丰富的艺术形式使公共艺术在参与社会环境创作时大有用武之地。在表现环境内涵时,不管是在体现客观环境的审美趋向方面,还是在展示环境的人文特征方面,公共艺术都容易找到切入点。它既代表了区域公众的生活方式和审美时尚,也是地方政府和公众社会与艺术文化对话的平台。人类需要和谐美观的环境,而公共艺术的理想就是为了使人和环境生态和谐相处。

“公共艺术”这一概念最初被引入我国是在20世纪90年代初,以城市雕塑和壁画为主要形式出现在城市空间,这与中国城市建设的飞速发展带来的城市“文化装饰”的“快餐”需求有关,并在全国范围内掀起了轰轰烈烈的城市雕塑运动。在公共艺术得到快速发展的同时,我们也应看到这种发展模式还存在着一些需要改进的地方,艺术形式的发展既要继承传统,又要不断创新,并且符合时代、社会、生态、人文等各个方面的要求,唯有如此,其生命力才是旺盛的。基于此,作者撰写了《空间与格局——城市公共艺术的呈现》一书。

本书围绕城市公共艺术的发展与艺术呈现这一主要思路展开，详细论述了公共艺术的概念、起源与发展的历程、城市公共艺术呈现方式、中外优秀的公共艺术作品案例分析以及对城市公共艺术的发展展望等。内容方面，条理清晰，做到了理论与实践的结合。

本书在撰写的过程中，得到了许多专家学者的指导帮助，在此对他们表示衷心地感谢！由于时间仓促，加之笔者水平有限，本书难免存在不足之处，还请各位专家同仁予以指正，以便日后修改完善。

华北水利水电大学艺术与设计学院公共艺术专业教师

曾　颖

2018 年 8 月

目　录

第一章　城市公共艺术概述

公共艺术是伴随着建筑及其人文环境的产生和发展而逐步成长起来的一门艺术形态。这门艺术发展至今已有几千年的历史，我们可以从古今中外的建筑历史中，在难以计数的不朽建筑杰作以及人文生活环境中看到她那美丽动人的身影。公共艺术闪耀着人类智慧的光芒，是人类文明的见证，是东西方文化的结晶。

第一节　城市公共艺术的定义

一、城市公共艺术的含义

“公共艺术”除了具有特殊的艺术价值外，更重要的文化价值在于它的“公共性”。其文化价值的核心包含以艺术的介入改变公众价值、以艺术为媒介建构或反省人与环境的关系等，它不仅超越物质符号本体、提供隐秘的教化功能，关键是由人、艺术作品、环境、时间的综合感知，批判、质疑或提出新的文化价值与思考。公共艺术可谓是一种手段，那就是实践并形象化地通过这种手段去呈现艺术本体的根本内涵。

广义上的“公共艺术”，指私人、机构空间之外的一切艺术创作与环境美化活动；狭义的“公共艺术”，指设置在城市公共空间中能符合大众审美的视觉艺术作品。

公共艺术不是一种艺术形式，也不是一种统一的流派风格。

它是存在于公共空间的艺术，在当代意义上与社会公众发生关系的一种方式。公共艺术应该只属于以视觉空间方式存在的造型艺术的一部分，它实际上是“公共的造型艺术”的缩写或缩略语。它是以实体方式长久存在，以诉诸于社会公众或未来的公众并以赢得公众的长久关注为目的的艺术作品。

从这个概念的内涵上讲，它更多地与传统意义上的城市雕塑和公共空间的文化界定紧密相关；从这个概念的外延上讲，它又与城市设计、景观设计、城市生态环境建设、城市风貌的特征以及城市建筑、城市规划紧密相连。过分狭义化不能涵盖这个概念的当代意义，从而背离这个概念的鲜活的当代城市建设的实践特征；而过分宽泛，又会流于无边无际，最后的结果是城市公共空间的任何设计行为都成了公共艺术。

公共艺术作为城市风貌的重要组成部分，其目的在于改善城市环境，提升城市整体形象，充实人们精神提高人们的生活质量。它是城市设计的延伸和具体化，是深化的环境设计，是城市文化的重要语言和要素。

作为环境艺术的公共艺术作品最重要的特征是其所具有的“公共性”。主要体现在以下几点：第一，城市公共艺术作品是现代社会的产物，是历史发展到某一特定阶段的产物。第二，城市公共艺术作品服务于市民大众，公共艺术作品是大众的艺术，需要被大众广泛关注和普遍认可。第三，城市公共艺术作品设置于城市公共开放空间，相对于其他艺术可能存在于私密、封闭的私人空间，它存在的空间是开放的；对于时间形式而言，它存在于不断变动的历史认可过程中。第四，公共艺术包含了一种公开对话、理性交往、构建共同精神的意义与内涵（图 1-1）。

二、城市公共艺术的功能

公共艺术是环境艺术的重要组成部分，是建立于建筑以及公共景观环境基础之上的艺术设计行为，是面向大众的审美形态。

公共艺术的产生、变化和发展无疑是与人类对于不断改善和提高自身生存环境的物质和精神上的要求分不开，与不同时期的历史背景和意识形态相关联。公共艺术的出现将会对建筑、景观环境以及人文社会产生积极的影响。

图 1-1 《羽毛球》雕塑

(一) 审美的功能

毫无疑问，艺术的首要功能是审美，抛开审美不可谈艺术。公共艺术作为公共空间环境中的艺术设计形态，虽然在很多方面会对人文环境乃至人类本身产生不同程度的影响，但是其审美上的功能作用是应该被视为首位的，否则公共艺术便会失去它作为艺术形式存在的可能性。当今，在社会文明和城市化发展中，公共艺术已成为满足广大人民群众重要的艺术审美方式之一。公共艺术，这种被置于人文公共空间环境中的艺术，会对人的视知觉乃至心灵在审美上产生极大的影响。审美是人类共同的精神需求，是社会文明发展的表现。审美会随着时代、国家与民族中的不同意识形态和传统文化理念而表现出不同的特征，同时也会因公众不同的知识结构与层次而有所区别(图 1-2)。

(二) 成教化、助人伦的功能

公共艺术是大众的艺术，当它出现在公共空间环境的时候，必然会对当下的人们在心理和思想行为上产生影响,这种影响甚至是巨大和长久的。公共艺术无论是在中外、古今或将来,无论是反映着怎样的社会结构和意识形态,其成教化、助人伦的功能作用是永远不会消失的(图 1-3)。

图 1-2　南海观音

图 1-3　武汉黄鹤楼岳飞雕塑

(三)标识的功能

公共艺术在保持了与建筑以及景观环境的功能相适应的基础上,同时对特定的空间环境区域会起到一定程度的标识作用,这种标识作用往往是非直接的,是含蓄的,是诱导性的,是通过公共艺术作品的形式语言和内容提示出来的,当人们观赏公共艺术作品的时候会很自然地感受到这种标识作用的存在。

譬如在不同的民族地区、不同的功能环境以及代表了不同的文化程度或不同年龄阶段的公共空间，其公共艺术便一定具有特定的标识特征。不仅如此，那些具有代表性的公共艺术作品往往可以成为一座城市乃至一个国家或民族的标志，从而长久地留在人们的记忆中（图 1–4）。

图 1–4 唐山抗震纪念碑

（四）展示社会整体面貌的功能

公共艺术的存在、变化和发展与特定地区、民族和国家的发展状况密不可分，它可以客观地反映出当时的政治、经济和文化等方面的发展特征，成为展示社会整体面貌的重要窗口（图 1–5）。

图 1–5 鸟巢体育馆

第二节 现代城市与公共艺术

一、新城市下的公共艺术作品

城市是公共艺术和景观构筑物的物质存在空间，城市规划思想和理论对公共艺术的发展和变化有着重要的影响。1933年的《雅典宪章》提出了城市功能分区和"以人为本"的思想，但是其功能分区并没有考虑城市居民的人与人之间关系，城市里建筑物形成相对孤立的单元，否认了人类活动要求流动的、连续的空间这一事实。1977年《马丘比丘宪章》则强调了人与人之间的相互关系对于城市和城市规划的重要性。20世纪90年代初针对郊区无序蔓延带来的城市问题形成了一个新的城市规划及设计理论——新城市主义。它提倡创造和重建丰富多样的、适于步行的、紧凑的、混合使用的社区，对建筑环境进行重新整合，形成完善的都市、城镇、乡村和邻里单元。其核心思想是重视区域规划，强调从区域整体的高度看待和解决问题；以人为中心，强调建成环境的宜人性以及对人类社会生活的支持性；尊重历史与自然，强调规划设计与自然、人文、历史环境的和谐性。

通过对这些城市规划理论的研究就可以发现在区域层面所关注的是整个社会经济活力、社会公平、环境健康等问题；在城镇层面逐步强调邻里街坊的功能多样化，空间使用的紧凑性原则，注重步行空间的营造等问题；在街区、街道等微观层面的规划与设计，则是城市规划中相当具有挑战性的一个环节。比如如何做到紧凑却不拥挤；如何营造让人乐于步行的环境；如何吸引人们走出家门进入公共生活；如何让人们接受一个多元化（不同阶层、不同年龄、不同种族混合）的社区等。这个层面的工作是城市整体环境中的细节部分，却是至关重要的，因为它们关系到居民平常的生活品质和城市给人们的影响乃至城市安全等问题。

公共艺术作品作为城市设计的一种方式和手段，能够引发人们对于城市公共空间的关注，符合新城市发展所提出的各种要求，对于增强人与人、人与环境的交流与沟通具有积极的意义。同时，公共艺术作为城市文化的重要载体之一，具有传承城市历史文化和激发城市个性与美丽的作用，形成独具特色的城市文化公共活动空间，在保护城市文脉的同时又能够提升城市整体文化建设（图 1-6）。

图 1-6　911 纪念广场

现代城市建设中公共艺术作品和景观构筑物本身就具有很强的艺术性，它的规划与设计就是以城市的历史与文化、城市的性格与特征、城市的精神与风土人情等诸多要素为基础，展示城市居民艺术品位与城市精神，它带有浓重的城市历史与文化底蕴，彰显着城市的特色与魅力，城市的街道、广场与绿地空间给公共艺术提供了广阔的空间与舞台。

二、对现代景观建设整体形态的推动

城市公共艺术以各种方式推动和影响现代景观建设，对完善城市的整体形象具有重要的作用。包括以雕塑或公共艺术为主题的公园以及各种城市公共艺术活动、计划、项目等，它们把公共艺术导入到城市的各个角落，从荒地到海滩，垃圾堆场到废旧工业区，导入到城市的大街小巷，公园绿地，海岸沙滩，融入到人们的日常生活中。

世界上著名的雕塑公园中，有很多是在被破坏的自然环境中或者废弃的土地上建立起来的，是为了满足城市景观改造的需求而特别设立的。比如日本札幌的莫埃来沼公园（图 1–7）是一座建设在垃圾堆填区上的雕塑公园，将整个公园设计成“雕翅”体现出世界知名雕塑家野口勇（1904—1988）特有的设计思想，公园内的《玻璃金字塔》、直径 48 米的《海之喷泉》、大型雕塑《音乐贝壳》等，使其成为札幌的新地标，而所有的这些美好都是建立在脚下 270 万吨垃圾的基础上的。再如美国的奥林匹克雕塑公园，其位于华盛顿州西雅图，由一个室外雕塑博物馆和海滩组成。那里原来是联合石油公司的燃料储存地，并因此成为土壤严重污染的地区，西雅图艺术博物馆的建立改变了该地区土地的用途，修建一座雕塑公园，使之成为市中心唯一的绿色空间，并以远处的奥林匹克山命名。随后人们在这里清除污染的泥土和污水，回填新土，种植树木，使生态环境得到明显改善。同时，由西雅图美术馆向全世界知名艺术家征集雕塑作品，用于公园的环境建设。

图 1–7　莫埃来沼公园

20 世纪 70 年代以后，德国鲁尔工业区与世界上其他老工业区一样日渐衰败，后来经过对传统工业大规模的改造和高度重视环境保护，以及服务业和新兴产业代替工业，才使其逐步获得生机。这样翻天覆地的变化也源于德国国际建筑博览会的重新振兴计划中所提出的“公园中就业”的概念，通过科技与艺术的结合，巧妙利用原有工业废墟和遗迹进行翻新和改造，将旧工厂的高墙转变为攀岩训练场，巨大的工业熔炉和冲压机械被摆放到地面上成为现代雕塑，将高大的烟囱重新喷涂后成为高耸入云的纪念碑，而所有这一切将这个工业废墟转化为工业历史和生态教育的基地。与其他一般公园的不同之处在于，它将雕塑作品和公共艺术作品作为人文元素加以使用，从而提升公园环境质量，促进人群积聚，实现了艺术资源的共享和景观环境的改造。

自然环境中的公共艺术作品就像是大自然与人类共同打造的美景，自然环境优美几乎是所有西方国家雕塑公园的特征，让人造之物与自然共生正是人们建设雕塑公园的本意。比如澳大利亚的麦克里兰雕塑公园位于一个花草丛生、花木遍地的旅游风景区中，公园里陈列着 70 多件雕塑作品与各式各样的灌木与乔木，公园每年要接待成千上万的游客(图 1-8)。

图 1-8 《迂回》雕塑

公共艺术活动可以推动城市整体形象的推广。美国纽约州罗功斯特市的“长椅游行”公共艺术活动从 2009 年 10 月正式启动一直展示到 2010 年 9 月，历时将近 1 年的时间，作为一个公共艺术项目，这些艺术长椅的赞助商多达 100 多家，这使得每件作品都独具创意。罗切斯特通过近 200 多张艺术长椅向市民展示了一座城市的创意与骄傲。

公共艺术项目还可以促进城市历史文化传承。爱尔兰有一项跨边境、共同经营管理的艺术活动项目叫作 HEART，是 Heritage, Environment Art, and Rural Tourism（遗产保护、环境艺术、乡村旅游）的缩写。它是由当地 12 个村镇协助并共同开展的重要历史遗产保护和环境改造活动。在 HEART 项目中，公共艺术是该活动的核心部分之一，参加活动的人中有很多享有国际声誉和多次获奖的艺术家，他们通过研究当地历史遗迹创作出形式符合环境要求和强烈感染力的作品，以作为对当地的长久贡献。

推动城市建设与发展的“国际公共艺术奖”是中国《公共艺术》和美国《公共艺术评论》两家期刊共同设立的奖项。其设置的主要目的是聚集全世界最优秀的公共艺术创作和策划人才到举办地，以解决当地的实际问题。首届“国际公共艺术奖”颁奖仪式于 2013 年 4 月 12 日在中国上海举行，以“地方重塑”为主题，并开设关于“公共艺术与社会发展”和“公共艺术与城市发展”的主题论坛，期间选出六大案例获得“国际公共艺术奖”。美国纽约曼哈顿中城两侧的线型空中花园就是其中一件（图 1-9）。由于公共艺术的本质是建立在本土文化上的，而分享本土文化信息是非常困难的，所以可以对许多国家进行研究，并把研究成果集中到一个地方，以此推进公共艺术的发展（图 1-10）。总之，公共艺术可以各种各样的方式与形式介入城市生活中，对现代景观建设整体形态进行推动。

图 1-9　美国纽约高线公园

图1-10 四川美术学院虎溪校区的公共艺术作品

三、刺激城市与人类精神发展的思想探索

城市精神是一个城市从表面到内在显示出的地域性群体精神，它是一个城市的形象和文化特色的鲜明体现。从外在看，城市精神表现为一种风貌、气氛、印象；从内在看，城市精神则更多表现为一种市民精神，是这个城市市民所拥有的气质和禀赋的体现，也展现出了一种群体的价值共识、审美追求、信仰操守。由此可见，城市精神是一种潜在的社会发展催化剂和推动力量，对城市可持续发展有着举足轻重的意义。

城市公共艺术作为城市理想和精神的物化形式，反映着一座城市及其居民的生活历史和文化信仰，同时又以视觉审美的形式诠释着城市精神，强化城市个性。优秀的城市公共艺术作品能够折射出这座城市文化、环境和人们的心理，是城市文化的最佳展现。如美国自由女神像不仅是美利坚民族的象征，也是一种城市精神，呈现给人们的不仅是视觉的震撼，背后更潜藏着一座城市和人民向往自由民主的精神力量。世界闻名的丹麦“美人鱼”铜像，位于哥本哈根市中心东北部的长堤公园，这是丹麦雕塑家爱德华·埃里克森根据安徒生童话《海的女儿》塑造的。自从

落户丹麦首都哥本哈根的海港后，它已经成为了丹麦的象征（图1–11）

在我国，也有一组群雕《深圳人的一天》深受当地人们的喜爱（图 1–12 ~ 图 1–15），它记录了 18 个深圳街头各个社会阶层的市民真实的生活状态。铜像背景是 4 块黑色镜面花岗岩浮雕，上面还记录了创作当天深圳城市生活的各种数据，包括国内外要闻、股市行情、天气预报、农副产品价格等，仿佛把市民平时生活的短暂片刻凝固成永恒的历史。这种亲切、逼真的公共艺术作品受到了普通市民的喜爱，甚至成为了深圳市民的骄傲。公共艺术不再是高台上冷冰冰的艺术，而是真正走进了人们的世界，这样的作品成为很多深圳普通市民讨论的话题，让人们能够找到和自己职业、地位相同的人物形象，体现着一种公共精神。同样具有精神标识意义的公共艺术作品或者景观构筑物还有很多，这就像语言的表达形式能够反映人类各民族精神的多样性，而对于相同的经验，不同的民族又会有不同的角度去表达。相较于平时所用的语言，我们可以把城市公共艺术作品视为一种全球通用的语言表达方式，在不同国家、不同城市、不同民族、不同年龄、不同社会背景间人类交流的符号和工具，对人类在精神交流和沟通上具有重要的意义。

图 1–11 《美人鱼》雕塑

图 1-12 《深圳人的一天》(1)

图 1-13 《深圳人的一天》(2)

图 1-14 《深圳人的一天》(3)

图 1-15 《深圳人的一天》(4)

第二章　城市公共艺术的起源与发展

公共艺术作为一种艺术现象，无论中外皆有几千年的发展历史，但因不同的历史时期和社会背景的差异，其行为面貌会有所区别。公共艺术一词是现代人类文明的产物，自然与历史上的公共艺术行为存在着实质上的区别，这种区别不仅是表现在形式语言上，更主要的是表现在公共艺术的内涵上。本章内容着重论述城市公共艺术的发展历程以及对中国的影响。

第一节　艺术“公共性”起源说

公共艺术产生于西方，与西方的社会制度、政治制度、经济制度、文化艺术制度以及人文思想紧密相连。“公共”一词就源于希腊的城邦制。“城邦是古代希腊的城市国家。这类小国曾经有数百个，每个城邦都以一个城市为中心，周围有农村，城市有围墙、卫城。”在城邦制中蕴涵什么样的公共理念呢？

柏拉图认为，城邦的产生归根到底是由于人的非自足性，“之所以要建立一个城邦，是因为我们每一个人不能单靠自己达到自足”，因此“我们每个人为了各种需要，招来各种各样的人，由于需要许多东西，我们邀请许多人住在一起，这个公共住宅区，我们叫它作城邦。城邦因为共同的利益和相互的需要结合在一起，公共福祉是城邦存在、发展的基础。我们建立这个国家的目标并不是为了某一个阶级的单独突出的幸福，而是为了全体公民的最大幸福”。如果城邦里的每个人仅从个人利益出发，只受欲望的驱使，那么国家将永远停留在“猪的城邦“(或最基本的需要满足)水准。只有当城邦和公民都关注公共福祉的实现时,所有的人才有幸福可言。

亚里士多德(Aristotle,公元前384—前322)在《政治学》的开篇指出,“所有城邦都是某种共同体,所有共同体都是为着某种善而建立的(因为人的一切行为都是为着他们所认为的善),由于所有的共同体旨在追求某种善,所有共同体中最崇高,最有权威,并且包含了一切其他共同体的共同体,所追求的一定是至善。这种共同体就是所谓的城邦或政治共同体”。除了给出城邦的概念之外,还明确了城邦的基本性质和城邦的追求目标——不是关注领域的扩大、财富的积累、经济的繁荣,而是关注”善”,城邦的“至善”。“城邦不仅仅为生活而存在,实在应该为优良生活而存在。假如它的目的只是为了生存,那么奴隶也可能组成奴隶的城邦,野兽或者也有野兽的城邦……”“城邦”不仅是一个地理概念,而且是一个公共的精神实体,意味着一种共同的价值选择和一种共同的责任承担。因此,让-皮埃尔·韦尔南(Jean-Pierre Vernant)总结道,城邦的本质特征就在于“社会生活中最重要的活动都被赋予了完全的公开性”。这种公开性的含义在于:“一是指涉及共同利益的,与私人事务相对的;二是指在公众面前进行的、与秘教仪式相对的公开活动”。

共同体的生活还具有共享性。所有的公民都通过语言和行动来参加在雅典广场上进行的公共生活,平等交往,共同参与,目标一致,最终达到和谐的统一。城邦的独特性在于使古希腊的城邦真正变成公共生活领域,全体成员共同参与的领域。在城邦内部,公民”共同统治”,其核心原则是权力的公共化和对公共善的追求。同时,城邦的社会基础也在不断扩大。到罗马共和国时期,罗马城邦内的平民和奴隶,以及通过对外战争征服的拉丁人、意大利同盟者以及部分行省居民均被纳入到公民队伍的行列,在法理上成为共和国的主人,从而扩大了城邦政治的社会基础。“罗马人最终超越了希腊人创造的城邦狭隘性的政治框架和希腊人意识的局限”。

基于西方社会学、政治学的”公共性”概念阐释,学者们提出公共艺术的公共性体现在民主性、社会性、共同性、公众参与性以及设置场域开放性等方面。第一,建立在民主政治制度的基础之上的公共艺术才具有公共性,这是前提条件。公众不仅具有参与从公共艺术决议、作品遴选、作品设置以及对作品的评价过程当中的民主权利,而且在操作过程中要始终遵循民主的原则。第二,公共艺术在精神层面上要关注社会问题,反映公众意见和价值诉求。第三,公共艺术能够保证接纳属于不同社会阶层的公众可以共同参与到公共艺术建设的操作过程和以作品为中介的双向交流过程中,以艺术的方式互动,围绕作品展开平等自由的交流和讨论。第四,公共艺术的公共性具有公众性特征,其出发点在于产生一种与公共领域相关的公众,主动地去塑造一个特定的公众群体。第五,作品所属空间与作品本身呈现开放和接纳的形态。

因为事实存在的诸多公共艺术的起源模式,以及传统的公共纪念碑、公共雕像、社区公共艺术、环境艺术、城市雕塑等等公共艺术作品的不同内涵,甚至同一地域文化系统中同一类型公共艺术作品之间也存在很大差异。所以,公共艺术的公共性具有多样并存的特点。

“公共性”是“过程”概念,也就是说,它是发展变化的。为此,公共艺术的“公共性”应当视作为某种历史性建构过程中的东西,根据具体作品的具体内涵去挖掘公共艺术在发展过程中受到的社会因素影响,进行历史性的建构,而不是当作一种“超历史”“超文化”的概念而去寻求普遍性的理论解释。

“公共性“有与普遍意义相对的一面——公共性的特定指涉对象及其限度的问题。正如麦肯·迈尔斯指出:如果将公共艺术视为一种纯粹的社会公利来加以看待的话,我们便会发现在研究上就会产生诸多矛盾,例如许多公共艺术作品在美学特质和品位的选择上具有某种独占性与排他性,而且将特定的作品视为具有无限的公共性就往往会使其缺乏特定的传达对象。准确把握公共艺术的“公共性”需要全面的、历史的、发展的眼光。“正因为就其内容而言指的是一种由于其独一无二的个体才具有意味的现象，所以它不能按照属加种差的公式来定义，而必须逐步逐步地把那些从历史实在中抽取出来的个别部分构成为整体，从而组成这个概念。这样，这个概念的最后的完善形式就不能是在这种考察的前端，而必须是在考察之后。换句话说，我们必须在讨论的过程中对我们这里所谓的资本主义精神做出最完善的概念表述，并把这种概念表述作为这种讨论的最重要结果。”

第二节　城市公共艺术景观的发展历程

一、古罗马时期的公共艺术

欧洲公共艺术的发展，我们首先想到的是古罗马。古罗马建筑完全是在继承了古希腊建筑成就的基础上发展起来的。同时，在这基础上，靠着古罗马人不懈的努力和聪明才智，在长期的发展和创造中得到了进一步的发展，并逐步形成了具有罗马自身特色的建筑及公共艺术风格，在欧洲建筑史上产生了又一个高峰，乃至对世界建筑产生了巨大而深远的影响。

自公元前30年罗马帝国成立以后，生产力得到了进一步的发展并达到很高的水平，宏伟的宫殿、华丽庞大的公共浴场、巨大的凯旋门、举世闻名的斗兽场以及剧场、法院等建筑相继拔地而起，形式精彩纷呈，规模范围壮观而浩大。这些建筑及其公共艺术同当时的自然环境和整个城市景观融为一体，表现了强有力的社会特征。古罗马时期的建筑装饰在发扬古希腊建筑装饰的优点以外，还进一步创造出了更具艺术特色的建筑造型结构和装饰，譬如标志着古罗马建筑最具特色的拱券结构的出现，以及对于大理石自然肌理巧夺天工般的运用，还有在马赛克镶嵌壁画等方面都表现出了古罗马人非凡的才能与智慧。不仅如此，古罗马建筑雕刻装饰同样是十分辉煌的，如古罗马图拉真记功柱上的雕刻装饰便展示了一种超凡的华贵和精美。另外，在柱式上古罗马人还在古希腊柱式的原型基础上又发展出了更多形式的柱式，其纯熟的花纹雕刻，充分表现出了古罗马时期的艺术家所具有的高超的雕刻才能。

二、拜占庭建筑时期的公共艺术

拜占庭是西欧一个强盛的帝国，是在中世纪发展起来的，它包括地中海岛屿的许多国家。肯定地说，任何一个新兴的帝国，为了表示其强大的力量，为了给统治者歌功颂德，都要建造纪念性的建筑物，而此种建筑物将集中体现出这一时期思想、政治、文化乃至科学技术的发展状况。拜占庭建筑的繁荣时期是在皇帝君士坦丁建设的君士坦丁堡（即拜占庭）时期。此时的建筑及公共艺术新颖别致，独特的穹顶与帆拱的结合造就出拜占庭时期富有创意的全新结构形式的形成。另外，在彩色大理石贴面、以马赛克装饰为手法的彩色玻璃镶嵌以及石雕等方面，都为这一时期的建筑及人为环境增添了灿烂夺目的魅力。拜占庭建筑及其公共艺术对以后各时期影响甚大，是一个不可忽视的公共艺术的发展时期。

三、哥特式建筑时期的公共艺术

在中世纪，除拜占庭建筑以外，世界各地的建筑艺术都得到了不同程度的发展，建筑与公共艺术的结合已发展到了极为发达的阶段。其中，在欧洲建筑中最为光辉的典范当属出现在法国哥特地区的教堂建筑——哥特式建筑。在哥特式建筑中我们可以随处看到布满雕刻的装饰图案，无论建筑的柱头、檐口、门楣或柱廊上均留下了艺术家们精心雕琢的痕迹。哥特式建筑具有尖、高、直的特点，艺术家们根据这一特点创造出了适合建筑风格的公共艺术作品，我们可以在著名的代表性作品巴黎圣母院和汉斯主教堂上见其端倪。人像柱是在12世纪中叶发展起来的建筑构件形式,是构成哥特式建筑最具代表性的特色之一,它使哥特式建筑的入口设计越发精彩,极具艺术感染力。哥特式建筑的窗子一般很大,这给彩色玻璃窗的装饰提供了非常好的条件。大大小小的彩色玻璃根据设计上的需要镶嵌在工字形的金属连接条中,并进一步组合成完整的色彩斑斓的造型图案,给人以无法言表的绚丽之感,有一种仿佛能够冲向天国般的神秘。

哥特式建筑及其公共艺术对世界许多国家产生了非常大的影响,以至于在很多国家相继出现了与之相类似的哥特式风格的建筑,譬如德国、英国、意大利以及西班牙等国家。当然这种对其他国家的建筑所产生影响的因素并非仅限于建筑本身,在很大的程度上也存在着宗教的成分。文艺复兴(约15—16世纪)是伴随着西欧一些国家资本主义生产关系的萌芽,掀起的一场声势浩大的文化运动,是以人文主义思想为基础同时借助古典文化来反对封建文化,反对中世纪的禁欲主义和宗教主义的运动。文艺复兴运动最早发起于意大利的佛罗伦萨,后延伸到法国、荷兰、德意志、英国和西班牙。这一时期的建筑及其公共艺术,在欧洲乃至整个世界建筑艺术史的长河中无疑是一段动人的、辉煌的乐章。人们熟知的圣彼得大教堂是当时最有代表性的建筑,它的装饰之富丽,规模之宏大,在教堂建筑中是绝无仅有的。文艺复兴是产生巨人的时代,此时涌现出了许多才华横溢的建筑大师以及对公共艺术做出卓越贡献的造型艺术大师。其中最典型的例子是文艺复兴建筑大师伯鲁乃列斯基、勃拉孟特,以及被后人誉为文艺复兴三杰的米开朗基罗、达·芬奇和拉菲尔。他们共同促成了建筑与公共艺术的大熔合,开创了一个恢宏的建筑艺术的新时代。在这一时期的建筑艺术中,雕塑、壁画与建筑相映生辉,雕塑和壁画的场面之大、水平之高是以前任何时代不可比拟的。

四、巴洛克建筑时期的公共艺术

巴洛克是继文艺复兴之后在罗马产生出的一种风格,产生时间在17世纪30年代左右。受当时政治、社会意识以及文化观念的影响，这一时期的公共艺术呈现出一种浮夸艳丽的装饰特征，并以豪华堂皇为时尚，往往追求一种对比强烈且充满动感的、画面立体感强而逼真的、饰物繁缛的装饰风格，由此产生出一种夸张的、富于炫耀色彩和舞台魅力的艺术 。从某种意义上讲，巴洛克更像是一种潮流而非风格。巴洛克成长的初期是在意大利的北部、西班牙、葡萄牙和欧洲中部扩展，并在奥地利大放异彩，之后在德意志南部一直流行到18世纪中叶。巴黎凡尔赛宫就是这一时期的典型之作。

五、罗可可建筑时期的公共艺术

罗可可风格起源于18世纪中叶的法国路易十五时代，这一时期法国政局动荡，经济萧条，众多的贵族和资产阶级的上层人物，把他们的热情逐步从政治转到对于个人生活的享受上，公共艺术几乎接近苍白。在建筑装饰上，罗可可风格主要表现在室内装饰方面，其纤巧柔和的装饰形式成为当时人们热爱以及相互效仿和追逐的主流。在追求享乐、舒适、自由方面，这一时期的建筑装饰风格比其他时期更柔媚细腻，同时也更琐碎纤巧。

波斯、玛雅时期以及伊斯兰的公共艺术皆有着光辉灿烂的历史，有待于我们更为广泛和深入地进行研究挖掘。

在19世纪以后，特别是在19世纪末至20世纪上半叶，欧洲以及其他一些国家的公共艺术已呈现出综合的和多样化发展的势态，形式风格各异，一些艺术大师以极大的热情并以自己特有的方式同时加入了公共艺术的创作，如罗丹、马约尔、摩尔、米罗、毕加索等等。另外，代表不同艺术观念和思想的艺术家相继出现，从一个侧面反映出趋向于多元化发展的社会面貌，是人类社会历史长河中的一个必然发展阶段。

六、现代城市公共艺术

(一)依附在建筑物上的艺术

我们今天所解读的公共艺术概念是从"public art"一词直译而来的,是"公共"和"艺术"联结而来的复合词,城市"公共艺术"更多地指向一个由西方发达国家发展演变的、强调艺术的公益性和文化福利,通过国家、城市权力和立法机制建置而产生的文化政策。

这种文化政策在西方国家早期的体现形式更多的是依附在建筑上的装饰艺术,近现代城市美化运动和城市文化与公众文化的新需求则促进了这一文化政策的范围和内涵的发展与流变。

纵观欧洲的历史传统,建筑与雕塑一直是不可分割的孪生兄弟,"建筑物艺术"的政策由来已久。德国魏玛共和时期(1918—1933),共和国宪法明确规定:国家必须通过艺术教育、美术馆体系、展览机构等去保护和培植艺术。政府将"培植艺术"列入宪法,用意是帮助第一次大战后陷入贫苦境遇的艺术家们。魏玛共和国在1928年首度宣布,让艺术家参与公共建筑物的创作,此政策使艺术家能够参与空间的美化等公共事务。20世纪20年代,汉堡市也推行了赞助艺术家的政策,通过公共建筑计划措施帮助自由创作的艺术家有机会从事建筑物雕塑和壁画创作,以度过当时的全球经济危机。

德国汉堡市"建筑物艺术"的设置和执行具有悠久传统,这里的户外艺术最早可追溯到中世纪,数百年来,汉堡的城市面貌不只是受益于建筑物和城市规划,同时户外艺术也为城市面貌注入了活力。此三者成为汉堡市城市发展的助推器。汉堡市的建筑物、城市规划和户外艺术既是城市发展的形象需求,也是市民的自觉要求,更是城市形象的名片,透过古迹和城市艺术品,人们可以重新审视这个城市的精神面貌(图2-1)。

图 2-1 柏林会议大厦

第二次世界大战后，在艺术团体的压力下，政府于 1952 年开始执行“建筑物艺术”的政策，规定至少 1% 的公共建筑经费用于设置艺术品。

（二）城市美化运动

1820 年以前，巴塞罗那是一个缺少公共空间的城市，公共空间中的艺术品更是凤毛麟角。市民对公共空间艺术的需求最终引发了 1860 年《赛尔达规划案》的实施。

巴塞罗那经改造完成了棋盘式城市布局，初现现代都市格局，相应的公共空间尤其是公共空间艺术品的匮乏日益突显。为了迎接 1888 年巴塞罗那市第一次举办万国博览会，巴塞罗那加快了城市美化的步伐，1880 年巴塞罗那通过《裴塞拉案》，从国家的利益出发，指出建筑具有政治利益，所有的公共建筑物具有代表国家（地方）形象的作用，让民众欣喜，让商业兴隆，让人民引以为荣。在这种意识的主导下，城市注重地方形象，开始大量从事文化建设，其中的重要手段就是在城市公共空间设置艺术品，而衍生出来的文化政策相继出笼。这个法案最终促成了巴塞罗那的公共空间及雕塑品创作的第一个高峰期，奠定了巴塞罗那艺术之城的基础。

同时期美国首都华盛顿 1900 年迎来建城百年纪念活动，以此为契机提出了城市改造规划。它使众多市民对公共设施发生了兴趣，城市面貌成了热门话题。由此发起的“美化城市运动”试图在城市人群中建立起归属感和自豪感，使普通人的道德观念良性发展，他们向欧洲学习，将艺术植入城市肌体，大大提升了城市的文化形象。

（三）“百分比艺术”登场

在1927年的华盛顿联邦三角区项目中，邮政部大楼建筑预算的2%划分给了装饰它的雕塑，司法部花费28万美元用于艺术装饰，国家档案馆亦为艺术品花费了预算的4%，这一项目开启了公共艺术百分比政策的先河。

美国政府在它的建设预算中调拨一部分经费用于艺术品并不是新生事物，在“建筑物艺术”的时代，建筑师和艺术家们设计的建筑装饰，如浮雕（图2-2）、壁画被认为是建筑物必需的附属品。但上述三个项目的艺术品超越了建筑附属品的范围，成为“百分比艺术”政策的试金石。

图2-2　华盛顿最高法院建筑浮雕

快速发展的20世纪20年代，为联邦建筑物所购买的艺术品被视为经典设计的必要组成部分。从公共艺术政策的角度看，“百分比艺术”的概念可以追溯到1933年罗斯福总统推行的“新政”和财政部的《绘画与雕塑条例》（始于1934年），条例规定联邦建设费用划分出大约1%用于新建筑的艺术装饰。

1933年，罗斯福总统推行“新政”，由政府出面组建“公共设施的艺术项目”机构，请艺术家为国家公共建筑物、设施、环境空间创作艺术品，这项由WPA（Works Progress Adminstration）主持的联邦艺术方案，可以看做国家公共艺术政策的雏形。

第二次世界大战后，随着美国国力的增强，大批艺术家定居美国，使美国成为世界现代艺术的中心，国家政治、经济、文化的发展，提高了人们对生活品质的需求。1954年美国最高法院宣告：国家建设应该实质与精神兼顾，要注意美学，创造更宏观的福利（图2-3）。这项具有前瞻性的宣言真正将公共艺术纳入到城市的整体需求之中，提升了公共艺术的城市职能。

图2-3 华盛顿纪念碑

第三节 城市公共艺术思潮在中国的启蒙与演变

一、“雕塑1994”——中国公共艺术的思想启蒙

孙振华先生将“雕塑1994”展览的特征概括为：“个人”“观念”“媒介”“空间”。这种总结客观上源于对中国社会刚刚经历的“85美术思潮运动”的反思。事实上，我们也可以直接用“85

思想运动”来定义“85美术思潮运动”时期。因为这一时期就整个社会而言，不光只有美术思潮发生了巨大的改变，其他一切文艺思想、社会观念都随着当时政治、经济、生活的剧烈变革发生了翻天覆地的变化，正是这种自上而下的社会思潮的剧烈变革，为当代中国公共艺术思想的启蒙提供了滋生的土壤。

孙振华先生对“雕塑1994”展览中总结的一系列关键词，其实是对“85美术思潮”时期观念的比对，也是对雕塑艺术从“85美术思潮”时期一路走来的反思与追溯，这源于展览中许多作品都陆续诞生于“85美术思潮”后的几年之中。“个人”一词是相对于“85美术思潮”时期的“集体模式”而言，“雕塑1994”颠覆了“85美术思潮”时期艺术创作的“集体模式”，艺术家开始真正按自己的想法创作作品，让艺术回到自身。“观念”的表达则是对“85美术思潮”前存在的政治性“宏大叙事性”的挑战。“观念”一词的引入，说明作为公共艺术的雕塑在形式和内容上已经开始对中国社会的具体问题、文化、现实生活进行呈现和批判。“媒介”则是指材料的选择，“雕塑1994”中雕塑家对于雕塑媒介开始有了自觉和理性的认识，匡正了“85美术思潮”时期材料至上、媒介单一的问题，转而积极探索新的媒介装置，为传统雕塑艺术以多种物质形式存在提供了可能。“空间”概念的引入预示着艺术空间开始多样化，为当代雕塑在不同空间的创建打下了基础。

“雕塑1994”展中所折射的艺术家的内心世界正是同时期雕塑艺术界普遍的价值观，这种价值观的形成在某种程度上取决于“85美术思潮”中寻找的以“现代化”为目标的视觉社会实践。从此，艺术走向平民化的思想和自由开放的艺术观点开始成为文艺思潮的主流，为后来城市雕塑艺术注入“公共性”血液奠定了广泛的群众根基。但是从当代艺术创作的视角来看，“85美术思潮运动”依然染有浓厚的目的论和决定论色彩，在具体的艺术创作中存在着“群体式”“运动式”等问题，也导致了这个阶段早期的雕塑作品大多只有公共形式，没有属于当代公共艺术的内涵，这种情况直到20世纪90年代后才慢慢发生改变。

按照当代公共艺术学界目前对公共艺术做出的普遍定义：公共艺术是指市民社会参与的公共空间中，由公共权力决定的艺术形式，公共艺术创建的目的是为了达到健康、良好的公共美术诉求，应具有公众性和艺术性双层属性。事实上，真正对中国城市艺术的“公共性”启蒙有着强大推动作用的力量主要来自20世纪60年代以来的欧美社会思潮和各种文艺思潮。“二战”后，呼唤艺术文化的公共性、民众性和社会公益性成为20世纪以来世界各国的重要话题和理想社会的一部分。受大量新艺术理论的影响，欧美诸多艺术理论家、批评家、社会学家从市民社会、大众艺术的角度对艺术重新定位。宏观来看，这些艺术思想对20世纪90年代以来中国公共艺术的发展影响巨大，成为当代中国公共艺术滥觞的另一个重要源头，这一点我们可从以下几位欧美著名史学家、社会学家、艺术家的论断中一探究竟。

美国著名城市规划家、社会历史学家刘易斯·芒福德在其著作《城市发展史》中指出：“如果城市所实现的生活不是它自身的一种褒奖，那么为城市的发展形成而付出的全部牺牲都将毫无意义。无论扩大的权力还是有限的物质财富，都不能抵偿哪怕是一天丧失了的美、亲情和欢乐的享受。”美国美术史家格兰特·凯斯特（Grant Kester）提到：“公共的现代概念与经商的中产阶级的兴起有关，他们反对17 ~ 18世纪欧洲的专制统治，为争取政治权力而进行斗争。根据凯斯特在他的《艺术与美国的公共领域》中的观点，认为严格意义上的公共艺术必须具备三个特点：第一，它是一种在法定艺术机构以外的实际空间中的艺术，即公共艺术必须走出美术馆和博物馆；第二，它必须与观众相联系，即公共艺术要走进大街小巷、楼房车站，和最广大的人民群众打成一片；第三，公共赞助艺术创作。英国社会学家安东尼·吉登斯认为：第三条道路的理论主张建立政府与市民社会之间的合作互助关系。培养公民精神，鼓励公民对政治生活的积极参与，发挥民间组织的主动性，使它们承担起更多适合的职能，参与政府的有关决策。

另外,应该重点提到的是,20世纪80年代末,德国著名雕塑艺术家约瑟夫·波伊斯(Joseph Beuys)将“社会雕塑”的概念带到了中国。他强调生活中的每个人都在进行艺术活动,生活中的每件物品都是艺术元素,每个人都是改造并雕塑这个社会的艺术家,这种观点对中国公共艺术早期的发展影响非常大。以雕塑家个人为主体,以个人生存体验为基础,以个人对世界的观察、理解、表达为出发点的新艺术思潮逐渐形成。许多当代公共雕塑家抛弃了各种约定俗成的制约,真正按自己的想法去做作品,让艺术回到自身。

除了社会学、文艺学的理论影响,这一时期欧美国家艺术界出现的极限主义、波普主义、欧普主义、大地艺术等艺术流派也对20世纪90年代后公共艺术的创作产生了重大影响。

对于“雕塑1994”展而言,雕塑艺术中明显看到欧美文艺思想影响的痕迹,并开始具备了“公共性”的某些特征,传达出一种浓厚的“个人”“观念”以“媒介”形式在公共“空间”中进行表达的符号特征,展览在当时艺术界引发的社会影响说明当代公共艺术思想观念在中国社会的文艺思潮中开始拥有了一席之地。

二、“雕塑2012”——“后现代”主义语境中公共艺术思潮的演变

“雕塑1994”展后的10多年里,数以亿计的农民进入城市成为“城市公民”,城市化进程不断加速。新的民族大融合动摇了千百年来地域文化的根基,受到后现代主义观念的影响,逐渐兴起的大众文化、多元文化、消费文化、商业文化等“后现代”文化逐渐成为社会文化的主流,为当代公共艺术的蓬勃发展注入了新的文化生命力。随着社会经济逐步活跃、社会市民化程度增加,社会政治制度更加民主,公共权力不断扩大,真正意义上的城市公共艺术开始出现,并以一种不同于传统雕塑、装置艺术的崭新面貌出现在大众面前。

“后现代”时代的公共艺术整体上呈现出无深度、视觉化、类像化、追求视觉快感、体验刺激的特征。“后现代”文化影响下的城市商业空间处处充满着与消费经济相关的公共艺术产品，一些公共艺术以随手可得的日常生活用品作为艺术创作的取材对象，它们快速出现，也快速消亡，呈现出一种极强的“波普”风格。

W. 韦尔什在他的《我的后现代的现代》一书中认为，后现代思想可以归结为这样一种态度：首先，后现代社会的人们生活在一个多元化的文化间际性中；其次，后现代阐明了所有统一模式在学术上和实践上的失败；再次，相对于纯粹任意和完全同一，后现代包含着对多元性的认可。上海大学研究公共艺术的周成璐教授认为：后现代主义将注意力转向了社会的边缘地带，转向各种被视为理所当然的事物、被忽视了的事物、被压抑之物、怪诞之物、被征服之物、被遗弃之物、边缘之物、偶然之物等。而这些边缘地带正是多元文化的孳生地，同时它们也是成功的公共艺术作品的主要题材之一。

在来势汹汹的“后现代”文化影响下，当代城市公共艺术在表现形式、表现媒介、理论视域上有了明显的新变化，在某些方面甚至完全颠覆了雕塑、装置艺术的传统视角。一些公共艺术在文化、观念、互动、空间、寓意、夸张、新观念、时间、场域表达上下足了功夫，如某些公共艺术作品开始以一种新的姿态展示商业社会的文化个性和文化身份；也有一部分作品开始走入市民空间与公众进行互动，让市民从体验中得到满足，还有一些作品开始试图传达一种特定的场所精神等。同时，多元文化泛滥也造成了公共艺术在概念、功能价值等方面的混乱，如学界产生了何为当代公共艺术的辩论以及公共艺术是为精神而存在还是为娱乐而设计的两大阵营。在这一背景下，2004 年，深圳首届以公共艺术命名的高峰论坛——“公共艺术在中国”在深圳举办，深入讨论关于公共艺术的各种问题。此次学术研讨涉及面比较宽泛，无论从深度还是广度上来说，都比较完整地反映了后现代主义观念影响下公共艺术理论的研究状态，对公共艺术的理性发展起着至关重要的作用。

8年后,5位著名雕塑家在湖北美术馆再次举办“雕塑2012联展”,成为中国当代公共艺术理性表达的标志性事件。孙振华先生将这次展览的关键词定义为“身份”“互动”“时间”“场域”,既是对21世纪10多年来公共艺术发展思潮的一种诠释和定位,又是对“雕塑1994”展后10多年公共艺术发展的一种新总结。这里的“身份”指的是作品的文化身份,是城市文化、地域文化和传统文化集中展示的一种体现。而“互动”则指向公众的体验与感受。事实上,“互动”概念在21世纪初的前后几年就开始出现,并且随着现代科技的发展和公众需求的增长成为一种迅速推广的主流形势,与传统公共艺术形式相比,具有“互动”特征的公共艺术品更注重公众的体验与身体感受。“时间”则是艺术家创作过程的体现与强调,让时间成为当代雕塑的一个重要维度,将作品更立体、直观地展示给观众。“场域”在这里作为一种新的理念出现。法国社会学家布迪厄认为:场域是指一定场所内有内含力量的、有生气的、有潜力的相互存在。湖南师范大学已故艺术评论家滕小松教授曾表示:“场域”就是抗“熵化”,即反“耗散”。“耗散”理论是“85美术思潮”时期的著名理论,指的是过多的存在没有达到凝聚的效果,反而构成了信息的流失与消散。“雕塑2012联展”中所存在的“场域”实际上是指艺术品与公众、空间环境三者之间架构成的一种场所气氛,一种认同感。“场域”释放出与之相关的文化气息,并放亮了本次展览的“公共性”。

相对于“雕塑1994联展”,“雕塑2012联展”已明显扩大了视角范围,并呈现出一种努力与公众对话的姿态。事实上,通过对这次展览衍生出的关键词还可以更多,比如“科技涉入”。“科技涉入”是指当代公共艺术正在积极思考对科技材料的突破,包括数字技术、声音技术等各方面。“科技涉入”公共艺术一方面是当代科技迅猛发展的结果,另一方面也是20世纪60年代以来欧普艺术对当代公共艺术影响的一种延续。“科技”与公共艺术的结合,诞生了很多无法具体定义形式的高科技装置艺术作品,很多时候，这些装置事实上是雕塑，但又超越了这个领域。“雕塑2012联展”中傅中望的《天井》，隋建国的《大提速》都属于这种形式。另外，“回溯”也是当下公共艺术发展较为明显的特征。“回溯”指的是公共艺术在形式和内容上对传统的回归。近年来，国学开始盛行，“传统”被重新赋予新的定义和期望，部分公共艺术品呈现出一种独特的“中国式语言”，如姜杰的《皇帝没到过的地方》《游龙》等作品。而关键词“探索”则普遍存在于当代公共艺术家的创作之中，隋建国、傅中望的作品都充满了对时间和运动的探索。事实上，在新未来主义观念的影响下，极具探索性的新公共艺术形式正成为当下公共艺术家探索的重要方向。在2013年亚洲现代雕塑家协会作品年展上我们开始看到：无论是张永强的作品《蜻蜓》，曾振伟的《赛龙舟》，还是傅新民的《文明的碎片》，我们都能直观地感受到，艺术家们在继承传统的基础上，表现出强烈的试图寻找未来雕塑艺术新形式的欲望。

第三章　城市公共艺术的呈现

现代城市对景观的需求，也影响着现代社会对公共艺术作品的需求。不同艺术氛围的公共艺术作品为城市景观留下不同的标识，并承载着城市的记忆。城市公共艺术作品的呈现有其自身规律和审美特点，本章将对此进行详细论述。

第一节　城市公共艺术及景观构筑物的分类与特点

一、造型与城市公共艺术

（一）雕塑

雕塑是指艺术家使用一定的物质文化实体，通过雕、刻、铸、锻等手段，创造出实在的体积形象，以表达审美或反映审美感受的艺术形式。但我们在这里所探讨的雕塑是有别于传统意义上的雕塑的，我们是从广义的角度，把雕塑作为一种环境空间的造型因素来看待。雕塑的创作形式主要包括圆雕和浮雕两种。以功能属性来划分，又分为主题性雕塑、标识性雕塑、景观装饰性雕塑、建筑性雕塑等几种。

1. 雕塑的创作形式

（1）圆雕。即创作主题不附着在任何背景之上，观众可以从多角度、多视点欣赏的，完全占有三维空间的立体的雕塑形态。圆雕在公共艺术创作中的运用十分广泛，如意大利雕塑大师米开朗基罗的《大卫》和法国著名的雕塑大师罗丹的《吻》等。对雕塑《吻》，不论你从哪个角度、哪个方面欣赏它，它都会在你眼前展现出饱满充实的体积，鲜活的人物形象。由于罗丹高超的雕塑艺术才能，《吻》成为了传世佳作。

（2）浮雕。指在平面上雕出凸起形象的雕塑形态。依据表面突出厚度的不同，浮雕又分为高浮雕、浅浮雕或介于高浅之间的雕塑形态。巴黎凯旋门上的《马赛曲》，就是一件世人皆知的浮雕作品。它既是一座反映1792年法国马赛人民保卫祖国、英勇反抗奥匈军队干涉法国革命的纪念碑，又是一尊象征人民民主思想的纪念性浮雕作品。北京天安门广场的人民英雄纪念碑浮雕就是以民主解放为表现内容的介于圆雕和浮雕之间的雕塑形态，它是在浮雕的基础上镂空其背景部分，让浮雕中的局部形象呈三度空间的实体圆雕。

2. 雕塑的特征功能分类

（1）主题性雕塑。公共雕塑的主题是指通过具体的艺术形象表现出来的基本思想，是在创作过程中所贯穿的精神力量，是精神意志的表现结果。作品的整个创作过程都是围绕主题展开的，所有的形式与表现都是服务于主题的。这类雕塑具有强烈的主题归属性，主题性的表述是它成立和表达的根本。

（2）纪念性雕塑。这类雕塑是对人类自身客观发展历史的主观刻画和描述，特定的历史时期会赋予作品特殊的价值和地位（图3–1）。

（3）标识性雕塑。标识性也是标志性，是表明特征的记号。公共雕塑具有很强的标识性，在区域或功能上具有标识、标志、说明、主导和概括的作用。公共雕塑作为一种具有公共形象功能的艺术品，通常起到一种显示区域和功能特征、传达区域或环境信息的作用。

（4）公共景观雕塑。景观是指通过建筑、交通、绿化等设计而营造的一种带有艺术形式的环境，公共景观的特征是具有开放性、交流性、参考性、使用性、艺术性和公众性。公共景观雕塑是以公共景观为平台的一种雕塑形式,无论在内容上还是形式上都具有公共景观的特征,其功能主要是创造景致,满足观赏和装饰的要求(图 3-2)。

图 3-1　纪念性雕塑

图 3-2　公共景观雕塑

(5)建筑性雕塑。雕塑与建筑这两种艺术形态自古以来就有着深刻而广泛的联系。建筑性雕塑是指将建筑特有的构筑性语言运用于雕塑的空间处理上。如果放弃概念的区分,从一个艺术集合的角度来看，雕塑与建筑在构筑性、空间性、文化性、精神性、公共性、技术性等方面有着广泛的内在联系，共同具有体、线条、色调、材质等因素的空间造型特性，它们都是可视性的形体对视知觉的直接倾诉，有着视觉活动的一般规律。

公共雕塑与公共范畴内的物态都发生着联系，而且这种联系是互为影响的。随着新的艺术观念的产生、新技术和新材料的发明、新空间的开拓，公共雕塑的发展越来越具有建筑的视觉特征。加深对建筑艺术表现的认识，可以使我们拓宽视野，建筑艺术也可以给公共雕塑的创作在形式表现上起借鉴和启示作用。

（二）壁画

壁画艺术是表现人类精神世界的一种独特形式，其表现形式较为广泛，既有具象写实的，也有抽象写意的；可以是象征的，也可以是浪漫的。壁画艺术丰富的表现内容与表现手法形成有机的联系，并与建筑物相结合，给人带来的艺术感受是其他绘画形式无法给予的（图 3-3）。

图 3-3　敦煌壁画

现代壁画艺术在传统表现方式的基础上不断地进行发展和创新，使自身的视觉感染力不断得以提高，审美、内涵不断获得丰富，这一切应归于在时代的变化中人的审美与情感的升华和建筑本身的形式和环境的变化。现代壁画艺术兼顾应用目的，依赖环境条件，体现公众意识，以社会整体理想为价值追求，是现代公共艺术的有机组成部分。

1. 壁画对空间的依附

壁画艺术有别于架上绘画的一大特征是它一定要依附于特定的建筑或空间环境，要与建筑形成有机的结合，成为互动的整体。从现代城市建设的角度来讲，壁画艺术与公共环境的相互依附，极大地丰富了艺术整体的形态，并加强了对美感的表现。建筑是壁画的依附体，全面体会建筑功能以及空间上的差异，对准确把握作品的尺度和美化建筑墙面尤为重要（图 3-4）。

图 3-4　城市壁画

2. 壁画对精神空间的营造

壁画艺术具有使物质化的建筑空间环境向内在精神转化的作用。壁画创作通过装饰对空间进行再创造的手法是一般装饰手法所不能替代的。因为壁画创作是采用艺术的手法重新装饰公共空间，它使整体环境空间具有了极其饱满的精神内涵与公共审美价值，形成了建筑与环境的总体新氛围。

3. 壁画创作材料与审美

新材料与新技术的结合运用能使壁画艺术产生强烈的视觉张力,而材料本身的抽象肌理、质感、光泽、韵味等自然属性则给人带来无穷的回味与审美享受。壁画常用材料主要包括以下几种。

(1)丙烯。常用于室内空间的壁画与装饰。

(2)陶瓷。多用于室外环境。

(3)金属。如铸铜、锻铜、复合铜、不锈钢等,室内外均可使用。

(4)石材。室内外均可使用。

(5)毛线、丝线、麻线。一般用于室内。

(6)木材。多用于室内。

(7)漆画。多用于室内。

(8)玻璃。如喷砂、磨砂、刻花等,多用于室内。

(9)马赛克镶嵌。多用于室外。

4. 壁画的表现种类

壁画艺术的特点,决定了壁画这一特殊形式有着丰富多彩的种类,不同的环境决定了壁画的内容和形式。

(1)题材的分类。有叙事性、象征性、浪漫性、装饰性等。

(2)材料的分类。有绘制类、软质材料类和硬质材料类。

(3)维度的分类。有平面类、浮雕类、平面与立体的结合类。

(4)形象的分类。有具象类和抽象类。

(5)观念的分类。有视觉造型类和观念表达类。

(三)现代陶艺

作为造型艺术,它有别于传统陶艺。它是以人类对艺术本质的渴求为出发点,以私人收藏和个人心理体验为主,并且和公共空间相融合,以陶瓷材料为媒介的环境型艺术形态。其特征主要以陶土和瓷土为材料,但不囿于传统陶艺的创作规范。在造型、用釉、烧成、展示方式等方面都有大胆创新,追求符合大众审美的观念,强调公共精神的艺术表达,彻底抛弃传统陶瓷的必须实用的观念(图 3–5)。

图 3–5 现代陶艺公共艺术作品

1. 陶瓷作品的成型过程

(1)拉坯成型。拉坯作为一种成型手段,是为很多艺术家所选择的成型方法,也有很多艺术家在拉完坯后再将它进行切割或重新组合。在这一过程中要注意消除泥里的气泡,以防止拉坯时遭到破坏或烧成阶段因空气受热而膨胀爆裂。起坯前泥的厚薄要均匀适中,否则将无法拉出均匀的适型。

(2)修坯。就是要把拉坯的底部修匀,修坯也是调整造型的一个重要阶段。

(3)手工成型。手工成型是一个很宽泛的概念,即除特定的拉坯之外的几乎所有用手直接把泥制成作品的成型过程,这是一个综合的过程,大概包括。①泥条成型。泥条成型除用手工外还可用泥条机器或其他工具制作,当泥条使用工具成型时,泥条种类繁多、粗细不一,但具有速度快、自然等特点。很多艺术家即使只是进行简单的重复排列,也能产生出一些很好的艺术品。②泥片成型。这是陶艺雕塑中普遍使用的一种方法,即用不同的方法使泥片拼接成型。泥片拼接成型的方法有很多,对工具的运用方法也很重要,创作者通常会选择直尺和雕塑刀。泥片可用拍、擀或机制的方法制得。

(4)模具成型。这是一种把泥片放进石膏模具中而成型的方法。这种方法在生产中较普及,因为模具成型可以既快又准确地把形复制出来。还有很多艺术家在把形从模具中取出后会根据需要进行重新组装。另一种方法是介于泥片成型和模具成型之间,这种方法更多地用在对表面肌理的塑造上,即用泥片直接在对象上制取从而得到如肌理、文字、印记等效果。此类模具成型方法的运用通常要配合其他成型方法。

2. 成型后的烧成方法

(1)柴烧。即用柴作燃料的烧成。柴分两种,一种是轻质柴,一种为硬质柴。柴烧的主要特点就是柴灰对作品会产生影响,柴灰中含有各种氧化物,由于柴窑燃烧时间长,尤其在高温阶段,柴灰中的各种化学元素会开始熔化成釉,因此使同一作品的表面会出现很多想象不到的效果。

(2)苏打烧。苏打即碳酸钠,是组成釉的溶剂之一。将配制的苏打液体在高温时通过喷火口送至窑中,苏打液体会变成雾状的釉,随火的走势不均,它与作品原来的釉或泥产生混合并使表面发生变化,产生极富变化的视觉效果。

(3)盐烧。盐烧是德国人首先发明并投入使用的,原理同苏打烧,但因氯化钠分子比碳酸钠分子大,所以盐烧比苏打烧更为粗犷些。

(4)乐烧。这是一种即时性很强的烧成方法。在釉溶化后,从窑里把作品拿出放在盛满纸和木屑的桶中或直接在窑中处理,利用烧成过程中的偶然性制造变化丰富的效果。

二、环境与城市公共艺术

(一)景观装置

装置艺术和传统的架上绘画艺术不同,它自诞生起就和建筑景观空间有着密切关系。装置是一种从形态到构造的艺术呈现的过程,和景观艺术的理念不谋而合,认为参观者必须进入艺术品本身所在"现场"。装置创作基本上不受定义约束,可随意运用一切它们所需要的任何艺术手段和材料,并逐渐成为现代环境中十分重要的道具和具有公共性和交流性的艺术类型之一。

1.装置艺术的特征

可自由地使用各门类的艺术手段,不受限制地综合使用多门类艺术形式,它在发展过程中形成了和其他艺术不同的特征。

第一,装置艺术就是一个能使观众置身其中的环境,"场所"是装置作品的一个元素。

第二,装置艺术是艺术家根据特定的时空创作出的一种整体艺术。

第三,装置艺术的整体性要求其必须具有独立的空间,在视觉、听觉等方面不受其他作品的影响和干扰。

第四,观众的介入和参与是装置艺术不可分割的一部分。

第五,装置艺术创造景观用来包容观众,迫使观众在界定的空间内自由地被动观赏并产生种种感觉,这些感觉包括视觉、听觉、触觉、嗅觉和味觉等。

第六,装置艺术是一种开放的艺术,它能自由地、综合地使用绘画、雕塑、建筑、音乐、戏剧、诗歌、散文、电影、电视、录音、录像、摄影等任何能够使用的艺术形式。

第七,装置艺术的作品是可变的,可以在展览会期间改变组合,或在异地展览时加以增减或重新组合。

2. 装置艺术创作的原则

作为环境艺术的一部分，其创作必须服从和服务于城市环境的整体。

首先，装置艺术在公共环境中是作为和环境共存的事物呈现的，因此要注重作品和环境的匹配、兼容与协调，不能脱离环境因素与人文传统的联系，只有这样才能完成形态空间之美更深层次的表达。

其次，在创作设计过程中，需充分考虑功能与自然的关系，从设计、施工等都要强调与环境设施和自然环境的空间布局、景观视觉的相融性，使构筑物从形象特征、材料质感等方面达到与自然的和谐（图 3-6）。

图 3-6　城市景观装置艺术作品

（二）景观小品

英文 landscape 一词来源于荷兰语的 landskip，特指风景，主要是指自然风景，尤其指自然风景画，包括画框和画中的景物。“小品”原指简短的杂文或其他短小的表现形式，景观小品还有一个含义就是指设施。

我们这里介绍的景观小品，指的是在特定的环境中供人使用和欣赏的构筑物。景观小品在景观中有着非常重要的作用，它是景观环境中的一部分，有着实用和艺术审美的双重功能。景观小品是景观环境中的一个视觉亮点，能够吸引人们停留、驻足。景观小品要满足两个需要，一是欣赏的需要，如尺寸、比例、外观、颜色等要符合人们的欣赏要求；二是提供服务的需求，要满足人在景观中行为上的需要。所以好的景观小品是艺术与功能两者完美的结合。

景观小品作为景观空间的基础而存在，主要包括功能类与艺术类两大类别。

功能类有标识、灯具、桌椅、垃圾箱、电话厅、公交候车厅、消防栓、饮水机等(图 3–7)。

图 3–7　功能类景观小品

艺术类有花坛、花廊、喷泉、置石、盆景、艺术铺装、浮雕等(图 3–8)。

图 3–8　艺术类景观小品

（三）室内置景

室内置景是结合了室内装饰的艺术营造手段而产生的，它所产生的效果是建立在空间造型基础之上的，其形式和风格往往成为整个空间的主导者。雕塑、壁画、水景、绿化、色彩、综合材料和现代装置等手段都可以用来美化室内空间。由于室内空间的限制，室内置景有以下特点。

第一，室内公共空间作为人们公共交往的场所，应以符合场所审美情趣和功能需要为目的来设置和创作室内空间的形式和装饰。

第二，创作形态的存在不能脱离建筑的影响而单独存在，室内置景设计离不开对室内空间环境变化特点的审视，其风格和形式应是建筑风格及形式的延伸，要反映建筑的设计思想和审美。

第三，公共室内空间一般都存在于大型的交互空间如商场、银行、酒店及展馆等之内，室内置景往往是展示室内风格的点睛之笔，作品一般都占据室内空间的中心位置，作品的尺度及视觉形象都富有一定的亲和力或感染力，给空间增添了不少文化气息，给人们带来了不少视觉乐趣。

第四，室内公共创作具有突出和协调室内装饰风格的作用。造型艺术创作既可以延伸与呼应建筑形式及风格，起到突出或强调的作用，也可以用一定的艺术元素或造型手段营造或协调空间氛围，改变建筑原本的冷漠与僵硬。

第五，室内置景所涉及的公共空间尺度虽有限，但却富有变化。因此，艺术创作要依据空间的变化及功能上的要求，既要考虑到空间转换的功能，又要把创作形态以多点的、延续的及分散的形式对空间的延伸走向加以引导，从而完成视觉审美和空间功能的统一（图 3-9）。

图3-9　室内置景

（四）地景造型

地景造型是指以大地的平面和自然起伏所形成的立面空间环境作为艺术创作背景，运用自然的材料和雕塑、壁画、装置等艺术手法来创作的具有审美观念的实践和环境美化功能的艺术创造与创意活动。就地景艺术的观赏效果和实用作用而言，有的以独立的艺术观赏形式出现，有的是要求与城市土地规划及生态景观设计相协调。前者如大地艺术，而后者则指现代城市化发展过程中对水体边坡的治理和装饰、高速公路断背山及大坝立面和矿产开采留下的“飞白”处理等。尽管艺术家的动机和资金来源各不相同，艺术创作的功能指向也不尽相同，但地景艺术（包括艺术史上的“大地艺术”）毕竟为现代公共性的视觉艺术形式及观念性的艺术实践开辟了前所未有的创作空间。

从以水体、森林、泥土、岩石、沙漠、山峦、谷地、坡岸等地物地貌作为艺术表现的题材内容和公众审美的对象，到以立体真实的自然空间和公共环境作为艺术表现元素，地景造型作品在博大无言的自然之中，构成了独特的审美意象。在地景艺术创作过程中，我们要强调的是人与自然的平等和谐。作为一种艺术主张，它促使艺术审美走向室外空间，并体现了艺术与自然融合、贴近的理想。

地景造型作为环境艺术的一种，并不意味着是对自然的改观，而是对自然的稍加施工或修饰，在不失自然本来面目的前提下，唤起人们对环境的重新关注和思考，从中获取与平常不同的审美价值。地景艺术在创作过程中具有以下特点：

一是探求制作材料的平等化和无限化，打破生活与艺术之界限。

二是认为艺术应走出展馆，实现与人与自然的亲近与融合。

三是地景艺术存在的生命是短暂的，其目的在于唤起公众的参与。这种参与行为完全摆脱了实用性，人们只在游戏与幻想的行为中得到美的体验。

四是取材多样化，可取白森林、河流、山峦、沙漠等，甚至石柱、墙、建筑物、遗迹等。在制作中要经常保持材料的自然本质，在造型技法上可采用捆绑、堆积、架构的方式和方法。

五是地景造型是一项复杂、烦琐和工程浩大的劳动。艺术家在有了构思之后，要对建筑及环境作实地测绘，绘制众多效果图，制作模型，要有政府部门的立项批准，还要有在艺术家的规划指导下的众多人的参与，最后才得以完成。

六是方案从构思到设计到实施有时是一个漫长的等待过程，艺术家需要极高的素养、勇气和耐心。克里斯托夫妇包装德国柏林国会大厦，1971 年完成了所有的设计，但直到 1994 年才得以批准。

地景艺术作为现代公共艺术的主要表现形式，从美术馆走入自然，除了思考和体现人与自然的内在审美联系外，还要对因现代社会发展带来的环境问题予以关注，比如因修建高速公路而开发山体导致的山体的裸露等。近几年随着民众生态意识的提高，要求解决类似问题的呼声很高，这为地景造型的社会功能的发挥提供了广阔的空间（图 3–10）。

图 3-10　地景艺术

三、科技与城市公共艺术

（一）城市色彩

所谓城市色彩，是指城市空间中所有裸露物体外部被感知的色彩总和。城市色彩分为人工装饰色彩和自然色彩两类，前者指城市中所有地面建筑物、广场路面、人文景观、街道设施、交通工具等的色彩，而后者主要是指城市中裸露的土地、山石、草坪、树木、河流、海滨及天空等的色彩。城市色彩也是城市人文环境的重要组成部分，如江南是灰瓦白墙。一座城市如果随意切割和破坏传统色彩的组成，那么就会割断城市的人文脉络。

城市建筑色彩受当地建筑材料、工程技术影响很大，没有现代的工程建造技术和色彩材料的研发，城市色彩的规划设计和实施很难执行。城市色彩的设计原则主要有以下几点。

一是注重对原自然色的保护和利用。人工色彩表达了人们对所处环境的情感理想，是对大自然区域环境和季节特征的理想化的概括。城市色彩在规划设计过程中，要尽量保护原有自然如树木、草地、河流、大海、岩山等的特征。

二是注重人工色彩的创造。城市建筑、广场、街道、桥梁、历史街区、交通工具、公共设施、功能性区块等都是城市规划和艺术创造的结果，是人工审美创造对现代工业文明的反映，因此在设计时可对城市局部形态进行色彩的夸张处理，使城市形象特征更加突出、更加美观。

三是注重对城市文脉的延续。城市色彩具有历史的延续性，因此现代城市色彩的规划和设计不能脱离历史遗存的影响，否则会对地域历史文化的脉络造成伤害，破坏地域文化特征。

四是注重城市色彩的协调性。自然色彩、历史色彩以及现代都市色彩设计要三位一体。不管是对区块功能的开发还是对色彩设计的更新都应注重其内在联系，城市色彩的有机协调保证了色彩规划和艺术创作更新周期的延续，使城市色彩既富有变化又和谐统一，从而彰显城市环境的区域功能、人文理想和时代特征（图 3-11）。

图 3-11　城市色彩的协调

（二）水景造型

在水景环境创作中，流、落、滞、喷四种基本形态能使艺术造型更具活力。水的运动方向可朝上喷、朝下流，也可静止或流动，只要有设施装置加以控制，即可变化出点、线、面、体等各种形态，使环境的视觉形态得以改善，还可通过声音、光线的变化来营造美的空间氛围。

水景造型的创作空间主要由自然空间和人造空间构成，前者主要包括湖泊、溪流、小河和瀑布等。水景的自然存在状态各具特色，有静止的、奔腾的，有纤细的、宽阔的，水景造型可以根据需要，合理地利用灯光、声音和人工。比如美国把整个著名的尼亚加拉瀑布所在地区开辟成了国家公园，夜晚降临时瀑布被架在附近的灯光照射，呈现出五彩缤纷的迷人景象。

水景造型中对人造空间的设计在城市中的运用比较广泛，比如室内的公共空间，室外的广场、居民区、厂区、公园等。水的流动所产生的声音如瀑布的轰鸣、小溪的潺潺可以直接影响到公众的情绪。而水景中的雕塑、建筑、装置的结合不但有利于营造亲和的环境气氛，还可以帮助传达艺术作品及构筑物的人文信息。

水景造型是艺术和技术相结合的产物，艺术效果的创造离不开对科技的运用，比如水景主题构建、防渗处理、防潮处理、水循环系统的生态处理等。喷泉是水景造型中常用的手段，通过水的压力使水喷出，但喷出的水的形态、距离、大小等要通过对判断压力的配置的设置，喷孔的数目、大小及种类的选择等获得，从而创造出形态各异、活泼生动的水景造型（图 3-12）。

图 3-12　音乐喷泉

（三）灯光造型

通过艺术家的不断研究和探索，更多的艺术表现形式在工程师的配合下被挖掘出来，水、烟雾、光、风、植物甚至火和爆炸等都进入了公共环境的创作和人们的体验范围。

人类透过光的存在形成对环境的感知，包括具体的和抽象的、形象的和幻想的。光作为一种传播媒介在人类和环境之间建立了一种永恒的联系，并暗含着精神意义。灯光造型在这里有两方面的意义。

一是光环境的营造。公共环境作为公众活动的场所，对光有着极高的依赖性，而现代种类繁多的发光体依靠人为控制，通过透光、折光、控光、滤光等技术的应用，对光环境的营造起到了重要的作用。光环境的营造不但使光的形态在构图、秩序和节奏上具有一定的视觉审美，也使其内涵更加丰富。它利用现实环境和虚拟环境的置换使人们在心理与精神上形成对现实的超越。

二是光是无形而不可触的，但数字时代的科技已经赋予它更多的意义。它作为艺术创造的媒介被运用于无限广阔的空间，各种形态和方式如灯光配置、光雕艺术和光学全息装置等的出现，使光造型在公共环境的审美过程中将成为重要的创作手段（图 3-13）。

图 3-13 城市灯光造型

第二节 城市公共艺术的呈现方式

一、构思与布局

（一）艺术设计构思

首先应该确立表现的形式要为环境艺术设计的内容服务，用最感人、最形象、最易被视觉接受的表现形式，故公共环境艺术设计的构思就显得十分重要，要充分了解环境的内涵、风格等，做到构思新颖、切题，有感染力。构思的过程与方法大致有以下几种。

1. 创意想象

想象是构思的基点，想象以造型的知觉为中心，能产生明确而有意味的形象。我们所说的灵感，也就是知识和想象的积累与结晶，它是使设计构思开窍的一个源泉。

2. 少即多

构思的过程往往“叠加容易，合弃难”，构思时往往想得很多，堆砌得很多，对多余的细节爱不忍弃。张光宇先生说“多做减法，少做加法”。建筑设计家凡德罗的“少即多”设计原则，就是真切的经验之谈。对不重要的、微不足道的形象与细节，应该舍弃。

3. 象征

象征性的手法是艺术表现最得力的语言，用具象形象来表达抽象的概念或意境，也可用抽象的形象来意喻表达具体的事物，都能为人们所接受。

4. 探索创新

流行的形式、常用的手法、俗套的语言，要尽可能避开不用；熟悉的构思方法、常见的构图、习惯性的技巧，都是创新构思表现的大敌。构思要新颖，就需要不落俗套，标新立异。要有创新的构思就必须有孜孜不倦的探索精神。

图 3-14 的设计十分具有创意，构思巧妙，运用许多竹竿组成的栅栏围墙体现出了浓浓的乡村风情，给人朴实、闲适的感觉。

图 3-14　艺术区的大栅栏咖啡厅

图 3-15 的设计新颖而独特，是典型的古典与现代的结合，古朴的木质把手安装在玻璃门上，充分体现出了设计师巧妙的构思，使人感觉更加可爱，更容易让人接受。

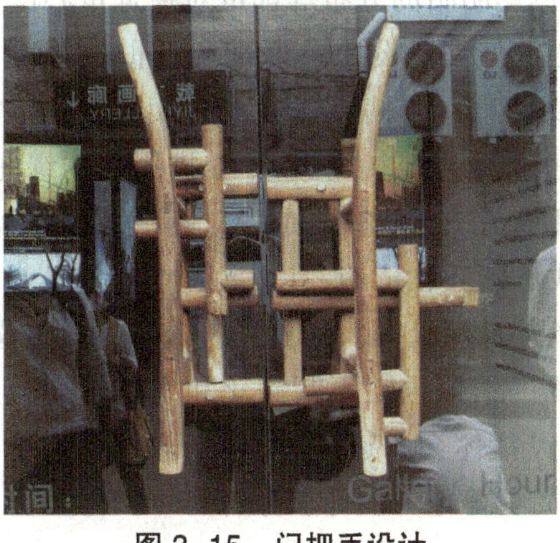

图 3-15　门把手设计

（二）布局设计

布局是设计方法和技巧的核心问题，有了好的创意和环境条件，但设计布局凌乱、没有章法，就不可能产生设计佳作。布局内容十分广泛，从总体规划到布局建筑的处理都会涉及。在庭院设计中，视觉上具有内聚的倾向，不是为了突出主体建筑物，而是借助建筑物和山水花草的配合来突出整个空间的意境。植被既是主景也是配景，围绕植物的种植把空间分割开来，有疏有密，有主有次，点线结合。但是最主要的一点，这些构图都是为了主体建筑物服务的。

重心是指物体内部各部分所受重力之合力的作用点。在环境艺术设计中，任何设计单元的重心位置都与视觉的安定有紧密关系。人的视觉安定与作品构图的形式美的关系比较复杂。人的视线接触画面，并迅速由左上角到左下角，再通过中心部分至右上角及右下角，然后回到画面最吸引视线的中心视圈停留下来，这个中心点就是视觉重心。整个设计区域轮廓的变化，设计单元的聚散、色彩明暗的分布等都可对视觉重心产生影响。因此，设计作品重心的处理是设计构图的一个重要方面，作品所要表达的主题或重要信息不应偏离视觉重心太远。本方案的重心当然是在建筑主题上，并围绕建筑中心安排周围的绿化、配套设施等辅助环境合理搭配，这样整个方案有虚有实，可算得上一份佳作。

以上形式法则互相依赖，且交叉、重叠，设计者应在设计实践中根据不同条件灵活处理。随着社会进步和科技文化的发展，对美的形式法则的认识也在不断深化和发展。美的形式法则不是僵死的教条，灵活体会和运用，使环境艺术设计与美的形式法则高度统一，从而更好地为设计服务（图 3-16）。

图 3–16　广场设计

此广场设计以火车为主题，鲜明地表达了广场的性质，这样的设计大胆新奇，给人耳目一新的感觉，同时也具有典型特征与代表性。

二、对称与均衡

（一）对称

对称是一个轴线两侧的形式以等量、等形、等距、反向的条件相互对应而存在的方式，这是最直观、最单纯、最典型的对称。自然界中许多植物、动物都具有对称的外观形式。人体也呈左右对称的形式。对称又分为完全对称、近似对称和回转对称等基本形式，由此延伸还有辐射对称等，如花瓣的相互关系。

故宫的设计是中国对称设计的代表之作，从设计上可以看出完全的对称体现出了一种秩序美，从而也可以感觉到里面的一种从古到今的自然美（图 3–17）。

图 3–18 中的小区的景观设计就是典型的对称设计，在对称的基础上设计者又运用高低不同的植物使环境产生高低起伏的变化，对称中含有变化，变化中带有秩序，设计者将这两者完美地结合正是此设计的亮点。

图 3-17　对称原则

图 3-18　造景中的对称

（二）均衡

均衡是指布局上的等量不等形式的平衡。均衡与对称是互为联系的两个方面。对称能产生均衡感，而均衡又包括对称的因素在内。然而也有以打破均衡、对称布局而显示其形式美的。

在环境设计中对称的形态布局严谨、规整，在视觉上有自然、安定、均匀、协调、整齐、典雅、庄重、完美的朴素美感，符合人们的视觉习惯。对称可以让人产生一种极为轻松的心理反应，给一个设计注入对称的特征，更容易让观者的神经处于平衡状态，从而满足人的视觉和意识对平衡的要求。在环境设计中运用对称法则要避免由于过分的绝对对称而产生单调、呆板的感觉，有时在整体对称的格局中加入一些不对称因素反而能增加作品的生动和美感。

随着时代发展，严格的对称在环境艺术设计中的使用越来越少，“艺术一旦脱离开原始期，严格的对称便逐渐消失”“演变到后来，这种严格的对称，便逐渐被另一种现象——均衡所替代”。如果运用对称的形式法则进行总体设计，就要把各设计元素运用点对称或轴对称进行空间组合。

图 3-19 设计打破了固有的对称，将涉及元素通过大小、色彩以及空间的有机结合，让人视觉上产生平衡感，同时还产生了动态的美感。

图 3-19 景观造型中的均衡

三、尺度与比例

（一）尺度

尺度是指空间内各个组成部分与具有一定自然尺度的物体的比较，是设计时不可忽视的一个重要因素。功能、审美和环境特点是决定建筑尺度的依据，正确的尺度应该和功能、审美的要求相一致，并和环境相协调。该空间是提供人们休憩、游乐、赏景的所在，空间环境的各项组景内容，一般应该具有轻松活泼、富于情趣和使人无尽回味的艺术气氛，所以尺度必须亲切宜人。

图 3-20 的设计活泼、灵动，尺度把握恰到好处，木栏杆的依次排列形成一种连续的秩序感，让人无论在审美上，还是在功能

上，都有一种和谐的感觉。

图 3-20　适宜的尺度造型

（二）比例

比例是部分与部分或部分与全体之间的数量关系。它是比“对称”更为详密的比率概念。人们在长期的生产实践和生活活动中一直运用着比例关系，并以人体自身的尺度为中心，根据自身活动的方便总结出各种尺度标准，体现于衣食住行的器用和工具的形制之中，成为人体工程学的重要内容。比例是构成设计中一切单位大小以及各单位间编排组合的重要因素。

房屋建筑的尺度可以从门、窗、栏杆、踏步等的尺寸和它们在整体上的相互关系来考虑，如果符合人体尺度和人们习惯了的尺寸就可以给人以亲切感。但是，在景观设计中除了建筑物外，还有山石、花草树木、池塘、雕塑等，它们并不是随便摆摆上去就可以的。因此，在做任何设计的同时都要考虑到这些景色是否与主体建筑物协调，是否喧宾夺主了，是否容易让人们接受它们的存在。在设计中雕塑、亭子和桥等各景观小品的比例也很重要，比如说亭子，若是太小就会显得小家子气，容易被人忽略；相反若是太大了，就会给人以笨重的感觉，那样就会产生很碍眼的反效果。其他的小品也是同样道理，只有尺度和比例正确了才能给人亲切舒适的感觉，才能使环境气氛灵动起来，更加丰富设计的效果。

图 3-21 的设计对桌椅的比例把握十分精准，这完全符合人体工程学的设计，给顾客以最舒适的感觉，简约的设计风格传统而又不显呆板(图 3-21)。

图 3-21　和谐的比例

四、色彩与光影

(一)色彩

在公共环境艺术设计中会大量运用色彩与光影元素。色彩在人们的社会生活、生产劳动以及日常生活的衣、食、住、行中的重要作用是显而易见的。现代的科学研究资料表明，一个正常人从外界接受的信息 90% 以上是由视觉器官输入大脑的，来自外界的一切视觉形象，如物体的形状以及空间、位置的界限等都是通过色彩和明暗关系得到反映的，而视觉的第一印象往往是对色彩的感觉。

红色是强有力的色彩，是热烈、冲动的色彩。如红色在中国表示吉祥。

橙色的波长仅次于红色,因此它也具有长波长导致的特征。使人脉搏加速,并有温度升高的感受。它使我们联想到金色的秋天,丰硕的果实,因此是一种富足、快乐而幸福的色彩。

橙色稍稍混入黑色或白色,会成为一种稳重、含蓄又明快的暖色,但混入较多的黑色后,就成为一种烧焦的颜色,橙色中加入较多的白色会给人甜腻的感觉。

黄色是亮度最高的色,在高明度下能够保持很强的纯度。黄色灿烂、辉煌,有着太阳般的光辉,因此象征着照亮黑暗的智慧之光。

鲜艳的绿色非常美丽、优雅,特别是用现代化学技术创造的最纯的绿色,是很漂亮的颜色。绿色很宽容、大度,无论掺入蓝色还是黄色,仍旧十分美丽。黄绿色单纯、年轻,蓝绿色清秀、豁达。

蓝色是博大的色彩,天空和大海都呈蔚蓝色,无论深蓝色还是淡蓝色,都会使我们联想到无垠的宇宙或流动的大气。因此,蓝色也是永恒的象征。

紫色是波长最短的可见光。通常,我们会觉得有很多紫色,因为红色加少许蓝色或蓝色加少许红色都会明显地呈紫色。

黑色、白色、灰色,我们曾经说过,无彩色在心理上与有彩色具有同样的价值。黑色与白色是对色彩的最后抽象,代表色彩世界的阴极和阳极。太极图案就是以黑白两色的循环形式来表现宇宙永恒运动的。黑色白色所具有的抽象表现力以及神秘感,似乎能超越任何色彩的深度。

图 3-22 中红色凸凹的砖墙表达了斗牛士的道路上的坎坷和精神,能鲜明地表达出该品牌的企业文化。

图 3-23 中的门面以红色为主色调,给人以热情奔放、豪情万丈的感觉,可以激发出人们的艺术创作激情,同时使用白色字体,对比很强烈,突出主题。

图 3-22　上海斗牛士牛排食品门面设计

图 3-23　艺术中心门面

（二）光影

光影跟随四季，每天都在不断地变化，光源是阳光、月亮或灯光，随着光源的变化，形象和体积也随之改变。没有光线照射，形象就不明显，尤其终年背光的背面小景，其体量和空间感亦差。不同风格的造型术语有“挂光”“吸光”和“藏光”等等。

音乐喷泉可称为动雕，其通过千变万化和喷泉造型结合音乐旋律及节奏、音量变化、音色安排和音符的修饰，来反映音乐的内涵与主题。它将音乐旋律变成跳动的音符与五颜六色的彩光照明组成一幅幅绚烂多彩的图画，使人们得到艺术上的最高享受。

充分利用有利条件，积极发挥创作思维，创造一个既符合生产和生活物质功能要求，又符合人们生理、心理要求的室内环境。

所有的材料、风景、风情、空间和人相互舞动起来，呈现出不同的意义和作用的镜头画面，实际上这就是房子主人未来家居生活各个片段的设计。这其间有很多精彩的片段：室外风景与室内空间的互动、客厅与餐厅的互动、人与空间的互动、空间与光影、空气、色彩及流动的风的互动……一切都是那么美妙和动人，这就是“空间舞蹈者”需要去为业主设计和提供的一切：将人的居所与大自然的蓝色天空、五彩树木、水和流动的风、空气巧妙地融合与舞动起来，构成了空间的主角在生活中一幅幅动人的镜头……用设计还原对生活所有的想像，这是绽放的主题，因此在设计中，材料是一种流动的语言，是视觉的旋律，更多地蕴涵着房屋主人对生活的理解，也透出独特的文化内涵。

图 3-24 中设计通过各种灯光的交相辉映营造出了一个欢乐祥和的艺术氛围，加之色彩的丰富变化更增加了环境的热闹气氛，光影的变化随着灯光的变化产生各种梦幻般的色彩。

图 3-24　苏格昆山夜场设计

图 3-25 的此设计中灯光的五颜六色照射在喷出的水柱上，更加显得变化丰富，色彩斑斓。随着水柱的节奏变化，灯光颜色也在不断调节，使气氛更加和谐美妙。

图 3-25　南昌八一广场夜景

五、统一与变化

（一）功能的统一与变化

最主要的、最简单的一类统一叫平面形状的统一。任何简单的、容易认识的几何形平面，都具有必然的统一感，这是可以立即察觉到的。三角形、正方形、圆形等单体都可以说是统一的整体，而属于这个平面内的景观元素，无论它是植物、装置、设施还是构筑物，自然就被具有控制能力的几何平面统一在一个范围之内了。

埃及金字塔陵墓之所以具有感人的威力，主要就是因为这个令人深信不疑的几何原理。同样，古罗马万神庙室内之所以处理得成功，基本上就是因为在它里面正好能嵌得下一个圆球。

合理地组织功能空间是达到各方面统一的前提。这里包括在同一空间内功能上的统一以及功能表面的统一。

同一空间内功能上的统一比较好理解，即在空间组织上应该将相同活动内容的设施及场地集中在一起，如儿童活动区内不应该掺杂商业活动内容，而在城市广场中就不应该设置大量的游乐设施。功能表现方面的统一，是这些特殊的使用功能需要与环境景观的外观统一。

图 3-26 中的空间造型设计是古典与现代相结合，整体上显得大气，色彩也较统一，同时几处红色线条的点缀，更显示出了灵活的变动，而又完全统一于主体之中。

图 3-26 上海博物馆

图 3-27 的门面设计极其简约，而且现代感十足，但同时木质的装饰又显示出了传统的味道，使传统很好地统一于现代之中，玻璃的墙体加上木质的装饰使得变化丰富且不复杂。

图 3-27 艺术区门面

图 3-28 的门面大家非常熟悉，主要是色彩的统一与变化，红

色为主色调，白色统一于其中同时也增加了其间的变化，使之更加丰富，更具有情致。

图 3-28 肯德基门面

（二）风格的统一与变化

变化包括风格和特色。公共环境艺术设计要统一于总体风格，统一而不单调，丰富而不凌乱。

在环境中难得将不同的景观元素和设施等复杂的因素随便组织起来而又协调统一的，甚至在环境中，对景观元素和设施采用统一的几何形状也很难完全达到协调的目的。尽管如此，还是需要加强统一。除上面提到的方法，还有以下几个主要手法。

第一，通过次要部位对主要部位的从属关系，以从属关系求统一。

第二，通过景观中不同元素的细部和形状的协调一致，构筑环境整体的统一。另外，得到统一的手法是运用形状的协调。假若一个环境中很多元素采用某一种几何符号，如圆形在地面、装置、设施等造型中出现，它们给人的几何感受一样，那么它们之间将有一种完美的协调关系，这就有助于使环境产生统一感。

图 3-29 的此设计统一而不单调，丰富而不凌乱，一面灰色背

景的墙为主基调，同时加一个红色标志牌点缀，显得协调又统一。

图 3-30 的设计同样是色彩协调统一，几处红色装饰线划破单调的灰色，显出了灵动之美，同时绿色字体更显出了生机和活力。

图 3-29　上海蝶园门面

图 3-30　上海百草传奇门面

第三节　城市公共艺术作品的风格

一、注重视觉美感的风格

美是人们对生活和自然的感觉，是一种抽象意识。城市公共艺术把美具体化、亲切化、生活化、深刻化。人的审美能力是与生俱来的，城市公共艺术作品只有符合大众视觉审美的基本要求，才能实现美化城市环境的价值。

在加拿大埃德蒙顿的 Borden 公园里竖立着一个色彩绚烂的亭子叫作《拱形垂柳》，作品由条纹鳞片结构组成，以 3 种不同厚度的鳞片原件用数字化的方式装配，突出接头彼此叠加，整体呈现出轻盈、超薄、自我支撑的结构特征。色调、色彩源自直接接触的环境，蓝色和绿色与合成的洋红色相混合，经过纯度上的处理，使彩色亭子和周围公园景致呼应，呈现出特别的美感(图 3-31)。

图 3-31　拱形垂柳

英国欧威尔雕塑小道是英国最大的区域性公共艺术项目，由本国和国际艺术家共同创建，有 28 件艺术作品围绕着一条 38 英里（1 英里 =1609.344 米）长的小路上展开。其中有一件作品叫作《在画里》，作者是查理·卡因克（Richard Caink）作品为一个传统的镜框矗立在草地上，镜框里呈现出山谷的美丽景色，作品把自然风景作为元素纳入到创作中，而传统的镜框总是与风景油画相联系，参观者不仅能从画框中看到山谷里的景色，也能联想到历史上这里曾经发生的一些故事。随着季节气候变化，画框的“作品”也呈现出不同的美景，可以说是典型的以视觉审美主题的公共艺术类型（图 3-32）。

图 3-32 《在画里》

《金色树木》的作者是英国艺术家汤姆·普赖斯。他为伦敦西敏寺大法院的花园创作了一组富有意境的艺术装置，装置的主体是一棵跨度 12 米的树木，这棵使用青铜和塑料锻造的树木，其蔓延的枝丫自由奔放地穿梭在背后那一片绿油油的树篱中，闪耀着金光，创造出一片童话般的美丽图景。树下还有 3 块来自波西米亚北部的大石头，艺术家在这些切割石头的切面上镀上闪亮光滑的青铜，小朋友可以放心地在上面滑动和探索。整个作品从题材、质感到形式表现，无不透出对视觉美感的追求。武藤敏郎所创作的《圈风雕塑》同样具有十分鲜明的视觉美感（图 3-33）。

图 3-33 《圈风雕塑》

二、突破地域限制的风格

公共艺术从本质上是体现本土文化的，它体现一座城市空间的文化特征，是人文特征的体现，且具有环境的特殊性，同时，艺术家的创作个性及作品的相对独立性也是受地域文化影响的。因此，要真正理解一件异国他乡的公共艺术作品可能需要了解作品的创作背景和艺术家的创作理念等。但是，公共艺术作为一种公共的艺术表现形式和形式语言符号，又能够超越普通语言的限制，实现极强的传播性和表现力。这一类作品与音乐一样，不管是中国人、欧洲人或美洲人，抑或非洲人，不分语言，不分种族，不分贫贱与富贵，都能清楚地理解它们的含义。它们把人类看作地球的主人，拥有全世界共通的主题，能够引起人类心灵共鸣，促进人类交流和人类文明的发展。

法国雕塑大师恺撒·巴勒达西尼的著名雕塑《大拇指》，造型逼真，“拇指”向指甲面微曲，力量直注指尖，箕形的指纹、皮肤的纹理、关节的褶皱乃至于指甲的凹凸等细节纤毫毕现（图 3-34）。手是人类进化的杰作，人类用双手创造了文明，拇指在五指中最有力，这尊雕塑不仅颂扬了人的力量，同时竖大拇指的手势，几乎是世界公认的表示好、高、妙、赞、一切顺利、非常出色等的类似信息。恺撒后来又用铜、铝等材料复制了 8 件，分别安放在巴黎、纽约、伦敦、东京等世界几个城市，以此进一步促进法国与各国的文化交流。

图 3-34 《大拇指》

在联合国总部花园内，有一个近乎黑色的青铜雕塑，那是一把枪管被卷成“8”字形的左轮手枪，名为《打结的手枪》，是卢森堡于 1988 年赠送给联合国的。它的构思与造型十分奇特，寓意联合国的主要职责是“用和平的方式解决国际争端，维护世界和平”，符合联合国的宗旨，被展示在联合国总部的大门前。它站在全球的高度与全世界人类进行对话，提醒着人们战争带来的危害，应制止战争，禁止杀戮(图 3-35)。

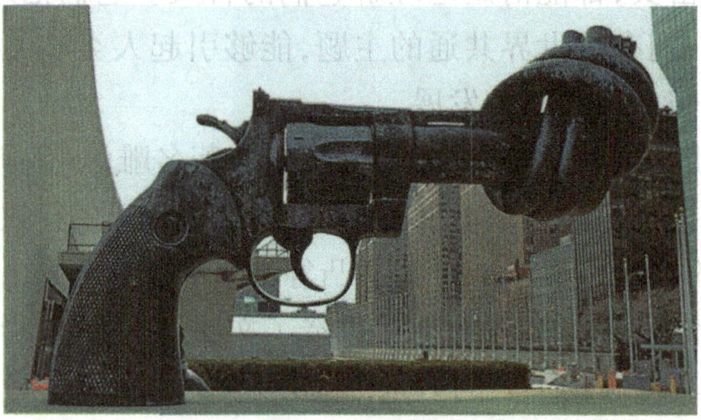

图 3-35 《打结的手枪》

这类城市公共艺术作品往往能突破地域、时间、种族、文化、年龄、性别的限制，运用人们最熟悉、最直接、最易于理解的符号与形式表达情感和传递信息，受到全球范围内观众的广泛理解和认可。

美国波普艺术家罗伯特·印第安纳的作品构成多源于大众传媒、流行文化和商业广告这些非抽象表现主义的元素，他创作的《LOVE》雕塑已遍及全球各大城市，如纽约、东京、新宿以及我国的台北、上海、杭州等。“爱”是举世共通的语汇，这样的主题能够拆除东西文化、种族、本土与国际的藩篱，仿佛发声祈祝举世和平、共荣。同时，关于“爱”的题材，也有多种艺术形式和介质可以表达(图 3-36)。

图 3-36 《LOVE》雕塑

三、强调装饰与趣味的风格

装饰是指起修饰美化作用的物品。它是一种理想化的艺术表现，它不以“如实”地描绘大自然为目的，而是运用形式美的规律和法则、夸张变形的艺术手法，对自然界加以美的再创造，使之在形象、色彩、构图等方面由自然形态升华到艺术形态，在视觉艺术领域中获得广阔的新天地。装饰与趣味风格的公共艺术富有多元的艺术表现力，除了满足人们的审美需求外，还把愉悦公众作为创作的出发点，它们具有亲切、幽默、充满生活情趣的特征，主题大多贴近人们的平常生活，它们比其他类型的公共艺术更易于理解，营造出一种轻松、愉悦、诙谐、有趣的公共空间装饰和趣味性公共艺术作品，给公众创造了一个比较轻松和愉快的精神空间，能使观众在欣赏和参与之时会心一笑，为观众与公共艺术作品之间营造轻松、愉悦的氛围，使作品更具有亲和力。趣味性能够引发公众的想象力（图 3-37、图 3-38）。

尼基·德·圣法尔是法国新现实主义的代表艺术家。作为一名女性艺术家，她针对法国社会歧视女性的社会现象，创造了“娜娜”系列作品。尽管思想前卫，但这些造型夸张，充满趣味性和装饰性，色彩斑斓的女性雕像却受到了公众的喜爱，也随之成为了她标志性的艺术符号。1978 年，她开始设计她的雕塑王国，当时她正对中世纪流行的占卜工具——塔罗牌上的图形和符号着迷故以此为主题，创作了 22 座包括《愚者》《女祭司》《皇帝》《恋人》《命运之轮》《死神》等与塔罗牌同名的大型雕塑作品，全部雕塑皆由彩色的聚酯纤维、玻璃、陶瓷碎片等材料拼贴而成，公园也因此被命名为塔罗公园（图 3-39）。

图 3-37《展开生活》

图 3-38 《管道工雕塑》

图 3-39 塔罗公园雕塑

美国南达科他州蒙特罗斯有一个“搬运工雕塑公园”，因为是由搬运工创立，里面矗立着许多金属制成的雕塑作品，比如《生命之歌》是一只坐在草地上孤独地吹奏着萨克斯的羊;《下雨天》是一个骷髅打着骨架的雨伞;《魔术师》是一个拄着拐杖、脸上布满补丁的小丑。这些作品大都以动物为主题,造型和色彩上充满了幽默感和生活情趣(图 3-40)。

图 3-40　搬运工雕塑公园里的公共艺术作品

日本长崎县的小镇上可以发现很多水果造型的公交车候车亭,包括西瓜、柠檬、草莓、橘子、番茄、甜瓜等造型,有 16 座之多。这些水果候车亭是在 1990 年长崎县举行世界旅游博览会之际,为吸引游客而建的。一个个放大了的"水果"新奇可爱。实际上,创意是来自经典童话故事《灰姑娘》中南瓜变成马车的故事情节。人们在这些水果候车亭里等待时,就仿佛来到了一个纯真的童话世界。

装饰和趣味性公共艺术作品大多采用新奇、独特、夸张、活泼、可爱的艺术表现手法，作品一般蕴含一定的想象空间。因此，就审美欣赏的角度来说，人们可以根据自身的审美经验进行理解与想象，也可以通过参与性活动使作品具有新的状态和意义（图3-41、图3-42）。

图 3-41　澳大利亚街道公共艺术《VOLUME 6》

图 3-42　加利福尼亚大学洛杉矶分校内的熊雕塑

四、带有隐喻性内涵的风格

隐喻是指在两种事物之间进行的含蓄比喻，用一种事物暗喻另一种事物，是创造性、语言、理解和思维的核心。在城市公共艺术作品中巧妙地使隐喻，对艺术表现手法的生动、简洁、强调等方面起重要作用，比明喻更加灵活、形象。隐喻性内涵的公共艺术作品常常通过在“彼类”事物的略示之下感知、体验、想象、理解、谈论“此类”事物的心理行为、语言行为和文化行为(图 3-43、图 3-44)。

图 3-43 《种子载体》

图 3-44 《企业负责人》

比如,德国艺术家爱华特·海格曼一直迷恋“例造的空气”,他使用不锈钢板焊接成集装箱式样,用工具和力量敲打成型,使其给人以“抽取”掉内部空气的形态,从而造成一种被雷击过或经历过爆炸一般的视觉效果。他说:“对我来说,爆炸代表能量向内螺旋到达核心的物质的奥秘，能创造出极致之美。”通过这种扭曲被破坏的形态，传递给人们一种自然界力量的无限强大之意（图 3–45）。

图 3–45 《伪造的空气》

澳大利亚著名景点邦迪海滩上设置着一组由边长 4 米的网状笼子构成的特别装置《21 海滩单元》（图 3–46），获得了国际公共艺术奖，网状笼子与周围海滩的环境形成剧烈的反差，笼子里除了蓝色气垫、海滩遮阳伞，外还有令人不安的黑色塑料袋，虽然海滩上阳光明媚，参与者在其中仍然能够听到海浪拍打沙滩的声音，但却感受到被笼子束缚住的囚禁的心理暗示。作品将快乐与不安融合在一起，通过颠覆现实来揭示在平凡时的不安感。从更深层次看，作品还意在隐射当时澳大利亚的政治气氛。例如，难民被拘留在国外的中转站、附近的克罗纳拉海滩上爆发的种族骚乱以及政府在移民问题上的僵化立场等，体现出强烈的批判现实的寓意。

图 3-46 《21 海滩单元》

在瑞士的施恩赫雕塑公园(Scupture at Schoenthal)中也有几件隐喻性的公共艺术作品。比如英国著名雕塑家托尼·克拉格的堆石作品《侏罗纪景观》,看似一堆简单的石块,却好像承载了对生命轮回和历史变迁的无限感慨。奈吉尔·霍尔(Nigel Hall)的钢板雕塑《春天》,将一个巨大的梳子横向放置,造成梳齿从地下向上生长的姿态,这是运用机械形式体现人类的创造力。大卫·纳什(David Nash)的《两个烧焦的导管》,手法简单明了,通过表现两颗烧焦的树干再现了自然界的悲剧,有强烈呼吁保护自然生态的社会作用。

可以看出,隐喻性公共艺术往往采用一些简单的结构物和元素,通过合适的形态表现出作者的思想观念,人们往往需要细细体会才能理解其中含义。但正是这种含蓄的手法,才能够引发人们对作品进行深入思考。这也是隐喻性公共艺术的奇妙之处,体现了城市公共艺术能够引导人们反思和批判的价值。

五、突出材料质感的风格

在城市公共艺术作品中把对不同物象用不同材质和技巧所表现的真实感称为质感。不同的物质其表面的自然特质称天然质感,如空气、水、岩石、竹、木等;而经过人工处理的表现则称人工质感,如砖、陶瓷、玻璃、布匹、塑胶等。不同的质感给人以软硬、虚实、滑涩、透明与浑浊等多种感觉(图 3-47)。

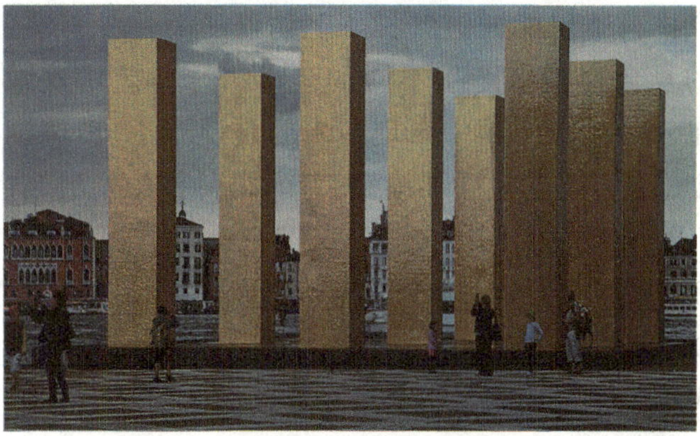

图 3-47 2014 威尼斯建筑双年展作品

在公共艺术作品中，我们常见的材料主要有石材、木材、玻璃等，其中石材主要有花岗岩、大理石、青石、砂石等。设计者需要了解不同石材的颜色和属性，以便根据创作内容与形式进行选择，因艺施料或因料施艺。木材由于本身拥有自然纹理和清新香味，因此深受雕塑家们的喜爱。在室外环境选用木材创作公共艺术作品较少，因为它经日晒雨淋后容易开裂变形、发霉变质，经过防腐处理后，在室外条件下保存时间也不长，所以有不够永恒的局限性。玻璃是一种较为透明的固体材料，由于它的永恒性和挡风、遮雨、透光等特性，被广泛应用于建筑、科技、艺术以及生活用品等方面（图 3-48）。

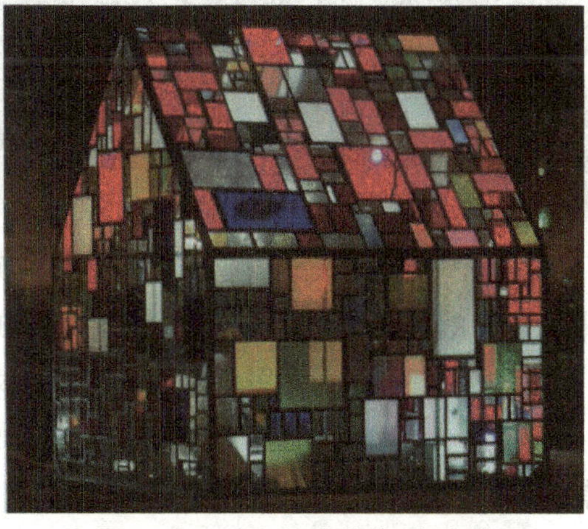

图 3-48 再生玻璃户外雕塑

复合材料不仅能通过各种工艺仿制所有传统材料，还可以利用不同的复合材料来产生不同的艺术语言和艺术效果。复合材料应用在公共艺术作品中出现最多的是混凝土、玻璃钢、复合铜、PVC（聚氯乙烯）、光导纤维等，随着人类科技的发展，各种复合材料还在不断地开发利用中。

镜面反射装置是位于上海新天地的一个街头公共艺术作品（图 3-49）。该作品位于马路和步行广场之间，与城市以及其中来往的人群发生着关联。这个 30 米长的公共装置是一整块造型扭曲反转的钢板，钢板表面做镜面处理，路过行人的身影会被反射。作品设计的初衷是希望将这个装置成为公共空间的一个焦点，能够吸引周围的公众，人们路过这里就像是在走秀，在这里看自己也看别人，看与被看发生崭新的关系，并产生一种全新的理解周围观点的方式。这个大型的反射装置将购物中心的地面、城市景观、过往的行人关联成为一个运动的图景，对彼此间的关系做了全新诠释。在这一作品中，镜面不锈钢的特质也成为最为引人注意的特征。

图 3-49　上海新天地商业街公共艺术景观

奈德·康（Ned Kahn，1938—）是美国著名的环境艺术家和雕塑家。雾、风、火、光、土、水这些自然界中的基本元素，都是他的创作材料。他通过大量的技术手段，通过大型雕塑以及装置艺术将这些元素所带来的自然景观呈现在观众面前。他的作品《雨魔环》正展现了水的伟大力量。该作品位于新加坡滨海湾金沙，是一个天窗和雨水收集的集合体，内部有一个直径 70 英尺的大碗和下降 2 层以下的游泳池。水直接放入碗内，1 小时内开启和关闭水泵几次，以便使漩涡的形状和强度一直在发生变化，作品完成于 2011 年。

《树林旁》的创作者狄波拉·巴特菲尔德在蒙塔纳拥有自己的农场，他在训练马匹的时候获得了很多的创作灵感，他认为雕琢创作一匹生动的马和用驯养的方式“打造”一匹好马有着异曲同工之妙。早在 1970 年，巴特费尔德就已经开始尝试用不同的材料创作个性化的马匹雕塑，无论是木头、线绳、金属废料、泥土砖灰还是稻草，都让他的作品有着可圈可点的细节。

《树林旁》在技术上来讲可谓精品，巴特菲尔德选择用青铜材料仿制出木棍、树枝、树皮、石膏等材料的质感，制作出每块“零件”的形状后接成这个高大的动物。最后将每块“零件”分别上色，仿造出木棍、树枝原始的样子。这种视幻觉的方法十分成功，因为许多来公园的游客都相信这匹大家伙是用真正的木头做成的。我国浙江省玉环县大鹿岛雕刻是优秀的公共艺术代表作品，作者洪世清以“人天同构”的艺术创作观念，独自一人在小岛上居住生活。因此，他对于作品的深思巧构是顺乎自然的。他的创作坚持其独创的 3 个“1/3”原则，即 1/3 凭天成，1/3 靠人工，1/3 交给时间。对于大鹿岛岩雕作品均为海洋生物，包括海龟、海豚、海鱼、海虾、海蟹等，他采用不求形似但求神似的大写意手法，依据礁石悬岩的天然形态，因势象形。在艺术家眼里，每一块奇礁怪石都富有灵性，只需稍加雕琢便可以呼唤出它们的生命。岩石扎根在海角山林间，让观者在探险的途中无意间发现，便有了一番徜徉大自然的轻松与野趣（图 3–50）。

随着时代的发展，艺术家们对现实生活的理解、思维方式的变化、观念的更新使当代公共艺术已经完全打破了材料和观念的限制，任何新科技、新能源、新材料都可以传达公共艺术语言。这些材料经过艺术家们有目的的特殊组合加工而产生了审美价值、思想内涵或某种功能后，都可以成为公共艺术作品，这也是现代城市发展的必然趋势(图 3-51)。

图 3-50 《海龟》

图 3-51　新材料创意作品

六、引发情感共鸣的风格

情感是人对客观事物是否满足自己的需要而产生的态度体验。情感包括道德感和价值感两个方面,具体表现为爱情、幸福、仇恨、厌恶等。情感是人适应生存的心理工具,能激发心理活动和行为的动机,也是人际交流的重要手段。情感性公共艺术往往能使人产生心灵上的触动,营造出富有感情色彩的空间氛围,使环境具有勾起回忆、引发情感体会的共鸣、激发想象等作用。美国女艺术家罗西·赛迪夫的作品《巢》由某美术馆短期出借作为公共艺术展览,它刻画的是一位母亲怀抱着女儿,母女相互依偎,作品被安置在路边的长椅上,任何市民和观众都可以近距离欣赏,并体会到母女间的无限温情(图 3-52)。

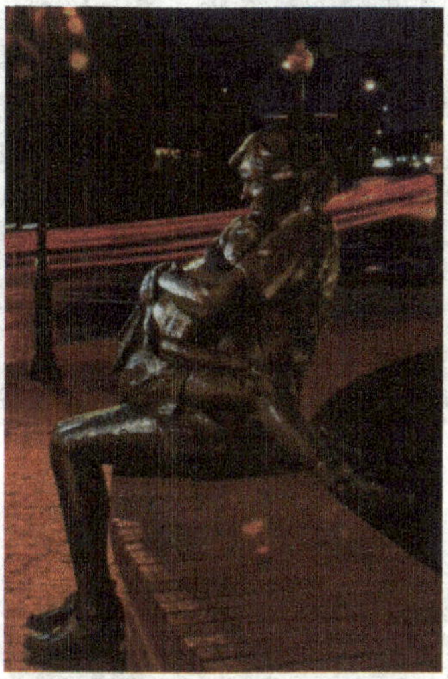

图 3-52 《巢》

美国公共艺术家汤姆·奥特尼斯(Tom Otterness,1952—)是美国作品最丰富、最优秀的雕塑家之一,他的创作过程和个人经历有着诸多波折与挣扎。其创作形式在 20 世纪 80 年代以后逐渐明朗,找到了自己独特的风格。在其作品内容方面,他喜欢以叙述手法来表现作品,犹如电影里的一个个分镜头作品中的人物形象,以夸张的手法反映出人们的喜怒哀乐等情感,如作品《痛哭的巨人》(图 3-53)。

另有一件名为《回家》的作品也是有关军事题材,作品纪念二战中归家的士兵与妻子和孩子紧紧相拥在一起的场景,观看者能够体会作品所传达出一家团聚的无比激动与喜悦之情(图 3-54)。

图 3-53 《痛哭的巨人》

图 3-54 《回家》

而澳大利亚国王公园一组已经灭绝的动物——双门齿兽相拥的雕塑也同样体现出无限的柔情(图 3-55)。

图 3-55 《双门齿兽》

这些作品无疑都是扣人心弦的，它们之所以打动人心，是源于人类自身真实、真切的丰富情感，情感性公共艺术就是通过艺术语言的情感性来表现思想情感与价值取向观念，让人们在欣赏过程中受到艺术的感染而产生情感上的共鸣，从而达到思想上的触动与升华。

第四章　国外城市公共空间建构

无论是东方还是西方，无论是哪个区域或是民族，都在用自己特有的思辨形式诠释着独特的审美理念。在漫长的岁月中，世界各地的设计师通过对城市、建筑、景观、公共艺术的创意营造，给我们留下了极为绚丽的景观。

第一节　英国公共艺术空间建构

一、英国伦敦海德堡公园旁群雕

英国伦敦海德堡公园旁群雕这一群雕通过墙面将硬质铺装与缓坡草坪进行分隔，铺装广场也有坡度的变化，直线形的小路与弧形的墙形成鲜明对比，使得这个面积不大的场所，空间变化很丰富。表现手法既有墙面的浮雕又有三维铜雕，且进行了很好的呼应。两匹负重的马艰难前行，而穿过墙面空隙的马却在奋蹄疾奔，形态逼真（图 4–1）。

二、英国伦敦街头雕塑

英国伦敦街头雕塑、雕像人物神态专注，躬身弯腰，右手抚纸，左手持圆规，在专心致志地绘制图纸，似乎丝毫不被周围环境所干扰（图 4–2）。

图 4-1　英国伦敦海德堡公园旁群雕之一

图 4-2　伦敦街头雕塑(1)

人物身披坚硬的铠甲，手持长矛，平伸向前，仿佛在召唤勇士们奋勇向前。战马身披云纹镶宝石甲胄，仰首嘶鸣，强健的肌肉仿佛有用不完的力量。该雕塑运用非写实的概括手法，展现了英国贵族骑士威猛雄壮的英姿(图 4-3)。

图 4-4 中的雕塑体量巨大，连通了下沉广场与地上空间，是建筑围合广场区域的标志。运用金属板，通过立体构成艺术手段，体现现代科技感，材质、色彩与周围环境协调统一。

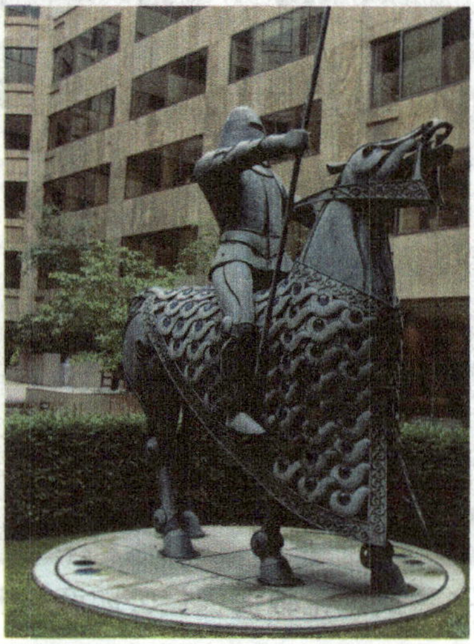

图 4-3　伦敦街头雕塑（2）

图 4-4　伦敦街头雕塑（3）

图 4-5 中那只奔跑的兔子四蹄飞扬，身躯、四肢完全伸展开，姿态非常舒展，体现了兔子飞奔时的瞬间动态。而支撑兔子重量的结构设计非常巧妙，月牙形铁板以点接触的方式支在地面与兔子的腹部，躺倒的钟承担了剩余的侧推力，突显兔子的轻盈灵动。

图 4-5　伦敦街头雕塑(4)

图 4-5 中的雕塑形体简单，将材质反射属性的对比，以及切口形状、位置的变化，作为塑造的内容。同时，不同材质之间衔接的精细工艺，体现了技术的精湛，是艺术与科技的完美结合(图 4-6)。

图 4-6　伦敦街头雕塑(5)

三、英国爱丁堡现代艺术馆室外雕塑

英国爱丁堡现代艺术馆室外雕塑抽象的青铜雕塑引人揣测，仿佛一个双臂支撑、双腿弯曲、仰卧向上的人在引颈嘶声呐喊。整体线条流畅、优美(图 4-7)。

图 4-7　青铜雕塑

是雕塑还是儿童活动设施？当然是两者的结合。作为雕塑，其材质统一，通过或直、或弯曲、或拱状、或起伏的造型，来形成协调中的变化；而作为设施，能满足儿童户外玩耍、休息坐卧的需要，可谓相映成趣、相得益彰（图 4-8）。

图 4-8　儿童活动设施

图 4-9 所示的又是一个互动式的装置雕塑，孩子们既可以在框架里奔跑、穿梭，从镜子里还能看到自己的身影以及周围的环境，有虚有实，延伸了空间的尺度感，增加了参与性和游玩的乐趣。

图 4-10 中的该雕塑充分利用金属材质的加工特性，有的弯曲、有的折叠，变化丰富，不起眼的物体经过艺术的再创造，成为了一件艺术品。

图 4-9　金属材质的互动式雕塑

图 4-10　金属材质雕塑

四、英国纽卡斯尔街头雕塑

图 4-11 中的该雕塑柱把生活中的各种物体打散、重构，有人物头像、耳机、鼻子、花卉、鱼、牛、鲨鱼大嘴、时钟等，都被无目的地拼装在一起，反映当今城市混乱的生活状态。

图 4-11　创意雕塑柱

图 4-12 中的雕塑使用单一材质，重点突出形态的优美，双螺旋线仿佛优雅的旋转楼梯造型，也让人联想到 DNA 分子结构，透过冰冷的金属表面，传达了生命的信息。

图 4-12　创意造型雕塑

图 4-13 中的雕塑的石质材质、古朴的造型，以及朴拙的花纹雕饰，无不透露出苍远的感受。左右各 3 个金属方尖碑，更烘托出神秘的气氛。竖立在草坪之前，丰富了景观的层次。

图 4-13　石质雕塑

五、英国街头雕塑

芭蕾舞女演员坐在圆凳的前半部分，上半身坐姿端正，右腿脚尖支地，小腿肌肉紧绷、健美。左腿盘在右腿膝盖上，双手揉捏脚踝，真实表现了女演员在训练短暂间歇时间的姿态（图 4-14）。

图 4-14　人物雕塑

图 4-15 这是一个非常好的雕塑与水景结合的案例，向上喷涌的水柱与向下俯冲的划水者，形成动态趋势的视觉冲击。雕像手指前方，紧盯水面，神情专注，仿佛在紧张应对着随时都可能出现的险情。

图 4-15　雕塑与水景相结合

图 4-16 中的这两头狮子很拟人化，怀抱小旗子，蹲守在大门两侧。狮子在这里并不是威猛的形象，仿佛在国王面前，兽中之王也只能俯首称臣，成为国王温顺忠实的仆人。

图 4-17 中的雕塑位于机场登机通道上，一对情侣忘情拥吻，女士一脚翘起，身体紧贴男士，脚下扔着一个旅行包，表现了对即将远行恋人的依依不舍之情。地上的招贴则写着“Love To Stop”，提示人们送行要在这里结束了，所谓“送君千里终有一别”，从这个意义讲，这件雕塑也是一个公共设施。

图 4-16　创意雕塑(1)

图 4-17 创意雕塑(2)

图 4-18 中的 4 四匹铜马后腿着地,前蹄腾空飞扬,正以不同的姿态从水池中奔涌而出,仿佛刚从水中洗完澡,要去奔跑撒欢。

图 4-18 创意雕塑(3)

图 4-19 中的雕塑是一个人体的抽象表现,蓝色的腿,黄色的上肢,戴着一顶黑色的礼帽。由于体量巨大,而且色彩艳丽,故非常引人注目。

图 4-19　创意雕塑(4)

图 4-20 中的两个人物一刚一柔形成鲜明对比，背面的人物张开双臂，与傲然挺立的躯干刚好形成一个“十字架”，他面向教堂建筑，表现出无比的虔诚。正面的人物，夸张地盘旋、扭动，俯身触摸地面，线条圆润流畅。

图 4-20　创意雕塑(5)

图 4-21 雕塑作品不以外观取胜，而是营造一种心理感受。孤零零的雕塑独立着，加之墙面的投影，使人倍感孤寂，或许能体

现高高在上的人物凄凉的心理(图 4-21)。

废弃的金属机械轮子也成了雕塑的素材内容,两只青铜喇叭架在齿轮之上,仿佛在诉说英国工业革命,凭借工业技术的创新,吹响了强国的号角,引发人们的怀旧之情(图 4-22)。

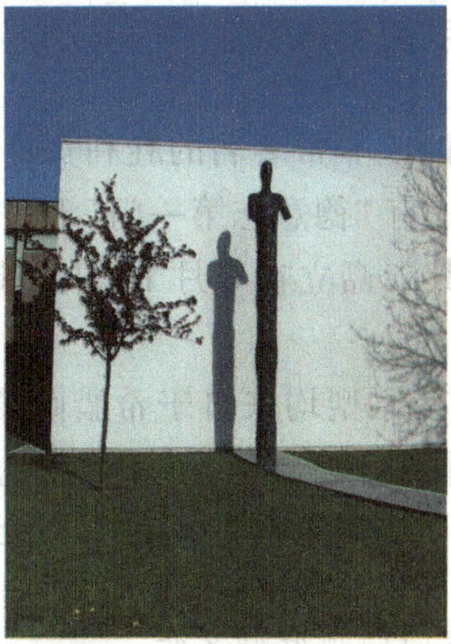

图 4-21 创意雕塑(6)

图 4-22 创意雕塑(7)

第二节　德国公共艺术空间建构

一、德国柏林胜利女神雕像

在德国柏林有两座非常著名的胜利女神雕像，其一矗立在德意志帝国的象征——有“德意志第一门”和“德国凯旋门”之称的勃兰登堡门门顶；其二矗立在6月17日大街中央环岛的胜利女神柱顶端。

两座胜利女神其原型均来自于希腊萨莫色雷斯尼凯岛发现的，现为卢浮宫三件镇宫之宝之一的“萨莫色雷斯尼凯胜利女神”像，在古希腊称为“尼克”，在古罗马称为“维多利亚”。

（一）勃兰登堡门门顶胜利女神

胜利女神铜制雕像高约5米，女神昂然站立，张开翅膀，驾驭着一辆由4匹奔腾的骏马拉着的两轮战车，面向东面的柏林城内，右手手持带有橡树花环的权杖，花环内有一枚铁十字勋章，花环上站立着一只展翅的鹰鹫，鹰鹫带着普鲁士的皇冠，象征着战争获得胜利（图4-23）。该雕像可谓历经沧桑，见证了柏林、德国、欧洲乃至世界的许多重要历史巨变。1793年，普鲁士国王腓特烈·威廉二世下令，由普鲁士雕塑家沙多夫为雄伟的勃兰登堡门设计制作了一尊“胜利女神四马战车”雕像，以纪念普鲁士在7年的战争中取得的胜利。1806年10月27日，拿破仑进驻柏林，占领了普鲁士，并命令将勃兰登堡门上的胜利女神雕像拆下装箱，作为战利品运回了巴黎。1814年，普鲁士击败拿破仑，胜利女神雕像在1814年回到了柏林，柏林人将这座失而复得的雕像称为“归来的马车”，雕像上的橡树花环中还被添加了象征权力的铁十字勋章。1945年第二次世界大战进入最后关头，勃兰登堡门在柏林战役中遭到严重损坏，仅剩下一只马头。1956年9月

21日，柏林市自治政府决定修复勃兰登堡门，东、西柏林的文物修复专家根据在二战中抢拓下来的石膏模型和档案照片重新铸造了一套四马战车及女神雕像。1991年整修完毕，铁十字勋章和鹰鹫也回到了胜利女神雕像上。

图4-23　勃兰登堡门门顶胜利女神

（二）胜利女神柱顶端胜利女神

胜利女神柱也叫凯旋柱（图4-24），建于1873年，是为了纪念德国在1864年普丹战争、1866年普奥战争、1871年普法战争中的胜利，从而实现了德意志的统一。纪念柱坐落在著名的6月17日大街中央环岛上，是5条大街的交汇处，与勃兰登堡门相隔1000米，遥遥相对。

带凹槽的砂岩纪念碑高67米，外部用战争中缴获的大炮炮筒加以装饰（图4-25），柱内有盘旋梯（285级），可登高俯瞰全城。顶部矗立包金的胜利女神铜像，人们也称之为“金埃尔莎”，高8.3米，重达35吨。神像头戴老鹰头盔，左手握着带有十字架的长矛，背生双翅，右手高举月桂树花环，朝向巴黎方向挥舞。内墙浮雕展现了当时的军事业绩和历史。

图 4-24　胜利女神柱顶端胜利女神

二、德国柏林剧作家席勒雕像

德国伟大的戏剧家、诗人席勒的纪念雕像矗立在欧洲最美的广场之一——德国柏林御林广场（也称“宪兵广场”）上的柏林剧院前。

这座白色大理石雕塑完成于 1862 年，由德国雕塑家鲁道尔夫·西麦林设计，席勒手持书卷，长身玉立，脚下大理石基座上的四个角落有持不同乐器的白色侍女雕塑，代表席勒长处顺境而又丰富多彩的一生（图 4-25）。

图 4-25　席勒雕像

第一位少女手持竖琴，代表“抒情诗歌”。席勒是一位著名抒情诗人，热情歌颂着友谊、真理、信仰，使人们在人生的旅程上欢快前进。第二位少女手持短剑，代表“戏剧”。席勒是德国历史上著名的戏剧家，也是欧洲启蒙运动时期代表剧作家之一。第三位少女持有书写着歌德、贝多芬、米开朗基罗等伟人姓名的书写板，代表“历史”。席勒是一位研究欧洲和世界史的历史学家。第四位少女在羊皮纸卷上书写有“发现你自己”，代表“哲学”。席勒虽然不是一位哲学家，但他有自己特有的世界观，他在作品里宣扬自由、平等、博爱思想。

三、德国波恩贝多芬纪念雕像

波恩是贝多芬的故乡，贝多芬是波恩的骄傲。在德国波恩有两处贝多芬雕像，都成了波恩的象征。

（一）贝多芬纪念碑

贝多芬纪念碑坐落在明斯特广场上，1845 年 8 月 12 日，人们为纪念碑举办了极其尊贵的落成典礼。高高站立的贝多芬，右手执笔，左手执乐谱，眺望远方，深深陷入对作品的构思中，散发着古典艺术魅力，展现的是平凡、倔强、孤独的贝多芬（图 4-26）。

图 4-26　贝多芬纪念碑

（二）贝多芬头像

贝多芬头像坐落在莱茵河畔贝多芬展览厅前面的一片草地上，从远处看，是一座栩栩如生的、富有代表性的眉头紧锁的贝多芬头像，走近才发现其是由长短不齐的水泥瓦片堆砌而成，艺术地展现了贝多芬桀骜不驯的经典面孔，展现的是高傲、威严、神圣的贝多芬（图 4-27）。

图 4-27　贝多芬头像

四、德国法兰克福街头雕塑

图 4-28 是个现代抽象雕塑，以金属板为材质，交接处未经打磨，整体有一种粗犷感。形体上注重曲直的变化，从不同的角度会有不同的造型视觉效果。

图 4-29 是一个很诙谐的雕塑，尺度夸张，像是一条昂首挺立的眼镜蛇，在招呼着来往的人们，具有生活化的幽默感。

图 4-30 这一现代雕塑利用许多长而细的金属棒，按照抛物线构成的方式营造，曲线优美，具有很强烈的韵律感。

图 4-28　法兰克福街头雕塑(1)

图 4-29　法兰克福街头雕塑(2)

图 4-30　法兰克福街头雕塑(3)

五、德国吕贝克街头雕塑

这是中世纪教堂建筑外墙上的装饰雕塑，一反常规，设计非常有创意。在哥特式的壁龛里，矗立的不是具象、冷峻的人物石雕，而是抽象的人物，现代与传统在这里强烈地碰撞着、融合着，使宗教、艺术与科技走在了一起（图 4-31）。

该铜制雕像尺度不大，仅 60 厘米左右，雕像坐在吕贝克哥特式圣玛利亚教堂的石台阶上，头上长双角，双手拂须，面容安详，右脚的大拇指上翘，细节的刻画非常细微传神（图 4-32）。

图 4-31　德国吕贝克街头雕塑（1）

图 4-32　德国吕贝克街头雕塑（2）

图 4-33 中的绵羊石雕有着卷曲的羊角，隆起的鼻子，胖墩墩的躯干，非常可爱。此外，这个雕塑不仅是一件装饰雕塑，其背部还能充当座椅，为逛街逛累了的人们提供短暂休息。

图 3-34 中的铜雕刻画了一只熟睡中的狮子的形态，满头的卷毛，头枕前肢，嘴巴微张，后肢与尾巴卷曲，全身处于非常放松的状态。

图 4-35 中的装饰雕塑矗立在桥头，头戴战盔，身披铠甲，左手扶盾牌，右手握拳于胸口，双眼凝视前方，外露的手臂和下肢肌肉强健。

图 4-33 德国吕贝克街头雕塑(3)

图 4-34 德国吕贝克街头雕塑(4)

图 4-35 德国吕贝克街头雕塑(5)

第三节　法国公共艺术空间建构

一、法国巴黎雄狮凯旋门浮雕

雄狮凯旋门坐落在法国巴黎“星形广场”上，是为纪念拿破仑1806年2月在奥斯特利茨战役中打败俄、奥联军而建，高49.54米，宽44.82米，厚22.21米，中心拱门高36.6米，宽14.6米。外墙上刻有取材于1792～1815年法国战史的4幅气势磅礴的浮雕以及门楣上6幅精美绝伦的花饰浮雕，内壁刻有曾经跟随拿破仑东征西讨的386名将军的名字和宣扬拿破仑赫赫战功的96个胜利战役的浮雕（图4-36）。女儿墙上浮雕着一圈盾牌，镌刻着法国资产阶级革命时期和拿破仑帝政时期重要的胜利战役的名称（图4-37）。

图4-36　凯旋门浮雕（1）

图 4-37　凯旋门浮雕(2)

（一）4 幅大型浮雕

4 幅大型浮雕以战争为题材，分别为：面向香榭丽舍田园大道的“出征”和“胜利”，面向万军林荫大道的“和平”和“抵抗”，人物刻画惟妙惟肖，栩栩如生。

出征：即著名的“马赛曲”，由著名雕刻家吕德设计，表现 1792 年群情激昂前去出战的志愿军战士出发远征的场景，塑造了 6 名志愿兵和 1 位女神。4 名战士剑拔弩张，斗志昂扬。还有一名满脸胡子的战士，他右手高举，左手牵着他的儿子走向战场，为自由、平等、博爱的新生共和国而战斗，赋予了当代革命者以古罗马共和主义者英雄的形象。展翅的自由女神右手持剑，站在人群之上正在号召人们向敌阵冲击，严肃而又具有浪漫主义气息，洋溢着法兰西人民的爱国主义和争取自由的思想(图 4-38)。

胜利：由著名雕刻家考尔托维设计，表现了拿破仑大捷归来后举行庆祝胜利仪式的欢腾场面，胜利女神吹响凯旋的号角，迎接出征沙场的英雄们归来(图 4-39)。

图 4-38　凯旋门浮雕(出征)

图 4-39　凯旋门浮雕(胜利)

和平和抵抗：由著名雕刻家艾尔托斯维设计，又称“和平之歌”（图 4-40）和“抵抗运动”（图 4-41）。

图 4-40　凯旋门浮雕（和平）

图 4-41　凯旋门浮雕（抵抗）

（二）6幅平面浮雕

6幅平面浮雕分别讲述了拿破仑时期法国的重要历史事件：马赫索将军的葬礼、阿布奇战役、强渡阿赫高乐大桥、攻占阿莱克桑德里、热玛卑斯战役、奥斯特利茨战役（图 4-42）

图 4-42　凯旋门平面浮雕

二、法国巴黎指示牌

一个工人正坐在屋顶上，用绳子拉着倾斜的广告牌；另一个工人则站在吊篮里用力扶着广告牌，一幅正在施工的场景引得来往的人们纷纷抬头注视，结果都上了商家的当。工人都是雕塑，倾斜的广告牌是特意的设计。它不仅仅具有引人注目、广而告之的宣传效果，而且将法国的浪漫与创造力诠释得淋漓尽致（图 4-43、图 4-44）。

图 4-43　法国巴黎指示牌（1）

图 4-44　法国巴黎指示牌(2)

图 4-45 是一家做肉质食品生意商店的招牌，椭圆形的牌子上写的是供应商的名字，最上边的彩色金属剪影画描写了乡村的生活状态，让人对食品的来源感到放心(图 4-45)。

图 4-45　法国某肉质食品商店招牌

三、法国格拉斯指示牌

最上部是张着嘴的人脸和叉子的剪影，不问便知这是一家餐饮店，牌子上钉着详细的食物菜单，而且便于随时更换(图 4-46)。

图 4-46　法国格拉斯餐馆指示牌

四、法国巴黎街头钟

该街头钟由分别朝向 3 个方向的钟组成，充分考虑不同角度人们的可视性，很人性化。同时，与交通指示信号相结合（图 4-47）。

图 4-47　法国巴黎街头钟

五、法国巴黎公用电话亭

这是法国巴黎街头公用电话亭的系列设计，有封闭式的、开放式的、室内壁挂式的等。它们虽然形式各异，但电话座机的样式、材质、听筒的色彩都完全一致。封闭式的玻璃亭把手做成了听筒的样式，很对味儿，加上拨号键的玻璃贴，既起到装饰作用，又能避免人们不小心撞到玻璃。开放式的电话亭考虑了便于夜晚使用的照明设备。室内壁挂式的电话亭用不锈钢做成类似耳朵的形状，仿佛能把打电话的人的声音吸附而不扩散出去，给人一定的安全感（图 4-48）。

图 4-48　公用电话亭

六、法国巴黎照明灯具

该景观灯具体量巨大，周身布满雕刻，并饰以金线，装饰华美、威严庄重。柱础以及柱身的下半部装饰以植物枝叶为主题，并通过精细程度的区别，显现其稳重感。柱身中间有一圈腰带，两侧分别设置了头戴王冠的灯。柱子上半部采用科林斯柱式，柱头四个方向还饰有头像，上方坐落着主灯，将人们的视线引向苍穹(图 4-49)。

图 4-49　照明灯具(1)

充分体现铸铁材质的可塑性强的特点,类似新艺术运动的曲线婉转流动,模仿出植物的柔美,由 5 个王冠形灯组成,1 个位于顶部中心,4 个沿圆周分布,形成错落和主次感(图 4-50)。

图 4-50　照明灯具(2)

精细的花纹装饰灯具造型构思巧妙,整体造型体现出浓郁的法国古典主义的风范(图 4-51)。

图 4-51 照明灯具(3)

暖黄色的灯光从铁艺花纹的空隙中透出来,这个古典简约的壁灯,呈现出一种柔和、朦胧的照明效果(图 4-52)。

图 4-52 照明灯具(4)

七、法国巴黎公共候车亭

波浪形的顶棚颇具流动感,最得很轻盈。树杈状的支柱很活泼,链接工艺科学合理、简单易行。功能设施齐备,有带靠背的座椅，还有依靠式的座椅，满足不同情况、不同人群的使用。地图、取款机、售票机、垃圾箱、烟灰缸等一应俱全。后面的玻璃隔断保证了安全性，同时能保持视线的通透（图 4-53，图 4-54）。

图 4-53　公共候车亭（1）

图 4-54　公共候车亭（2）

第四节　美国公共艺术空间建构

美国可以被称为世界范围内公共艺术发展程度最高、建设成果最丰硕的国家。美国公共艺术的快速发展离不开雄厚财力和科学机制的支持，将这两项基础集中起来的就是美国国家艺术基金会的“公共场所艺术品建设”计划，具体方式是强制市政建筑项目将款项的1% ~ 2% 用于公共艺术建设，亦因其筹资方式被称为“百分比艺术”。

“百分比艺术”是什么？具体是如何运作的？美国芝加哥大型公共艺术《棒球棒》的资金来源介绍很具代表性：“by the Art in Architecture Program of the United States General Services Administration in conjunction with the National Endowment for the Arts.” 这其中的“General ServicesAdministration”（GSA）是美国联邦总务管理局，负责掌管美国联邦（而非各州）的实物财产，特别是房屋、设备的建造、购置、管理与维修。“National Endowment for the Arts”（NEA）则是美国国家艺术基金会，该基金会大力推进“Art in Public Place Program”（公共场所艺术建设），以鼓励美国杰出艺术家走出美术馆。两大机构联手于20世纪70年代推出了“公共场所艺术品建设”计划，从所有市政建筑项目中提取1%的资金进行艺术建设，这为美国公共艺术的发展提供了雄厚且稳定的资金来源。1969年，当GSA在密歇根州的大急流城建设联邦建筑时，他们与NEA合作向亚历山大 · 考尔德订购作品，与考尔德的合作正是这项伟大事业的第一块基石。（图4-55）

图4-55　亚历山大 · 考尔德作品

除了提供资金，百分比计划还规定在所有建设项目中都设置一个由艺术家、建筑师、规划师和艺术评论家等组成的小组负责作品的审核与通过，避免了传统上由政府部门决定作品去留的状况，更具科学性。GSA 认为此举增强了联邦建筑的公民意义，展现了美国视觉艺术的活力，并为美国创造了持久的文化遗产。美国其他各州在其带动下也纷纷推行类似的计划，额度从 0.5% 至 41.5% 不等。这一运作机制也被简称为“百分比艺术”，对美国公共艺术的繁荣，大量杰出公共艺术家的涌现起到了至关重要的作用。

美国纽约地铁自 1904 年通车以来，曾经是肮脏混乱的地方，但在最近几十年里，美国地铁公共管理部门，邀请了来自世界各地的艺术家，在全纽约 460 个地铁站里创造了大量公共艺术作品。比如 E 线地铁 14 街与 8 大道站的月台、楼梯间、墙角及钢柱上，都是汤姆·奥特内斯的金属小人雕塑。这些小人有的背着钱袋跑路，却被鳄鱼咬住动弹不得（图 4–56）；有的站在栏杆上悠闲自得。在林肯中心站，则能感受到音乐与戏剧的气息，壁画上是非洲舞蹈者。在哈林区黑人聚居的 125 街站内，艺术家费斯·林古尔德（Faith Ringgold）通过马赛克玻璃材质，创作出表现黑人文化的经典之作。

图 4–56　美国纽约地铁雕塑

1981年,美国艺术家里查德·塞拉(Richard Serra)的《倾斜的弧》,在纽约联邦广场落成。这是一件12英尺高,120英尺长,由一种在露天环境中会生锈的钢板制成的巨大弧形雕塑,横贯整个广场。落成后即引起争论,居民们说这件作品破坏了广场空间并阻碍行人(图4-57)。尽管委托方不愿意接受大众意见,但最终还是召开了一个听证会,在会上塞拉的辩解以失败告终,1989年雕塑被迁走,放进布鲁克林的一个仓库里。从这个案例可知,公共艺术可能会关系到所在地居民的实际生活。如果说历史上的艺术只服务于豪门贵族和权力机构,为当代文化所诟病的话,那么今天的艺术就应该坚持为平民服务的方向,而绝不能反过来给大众生活增添烦恼。这是公共艺术的伦理尺度,由此才能确立合适的形式手法。

图4-57　倾斜的弧

在美国这样一个历史不甚悠久的国度,费城铭刻着众多的历史印迹。17世纪初,这里是爱尔兰人的移居地。1682年,威廉·佩恩带领100多位成员开始在这里兴建城市,市区布局也是由他亲自规划而成。到18世纪中叶,费城已发展为英国美洲殖民地中最大的城市(图4-58)。[①]

① 王中.公共艺术概论[M].北京:北京大学出版社,2014.

图 4-58 市政厅建筑与雕塑是一个整体

美国国际象棋公园公共艺术将一条城市长廊改造为一座繁荣的社区公园,使游客与当地居民可以积极地在这里开展体育或者庆典活动。项目位于美国加州格伦代尔市,占地 418 平方米,格伦代尔市希望征集一个低造价、低维护成本、易建造的公园设计方案,为城市中心街区营造一处生机勃勃的聚会场所,为国际象棋俱乐部及附近居民提供一个安全、舒适的休闲环境。

设计公司是 Rios Clementi Halem 工作室,曾获得由洛杉矶商业理事会颁发的洛杉矶建筑奖和 2005 年度市民建筑奖,以及由美国建筑师协会洛杉矶分会颁发的 2005 年度公共空间建筑奖(总统颁奖)。

国际象棋公园位于布兰德大道中心街区的两个商店之间,这里曾经连接着停车场、剧院及周围的商店。在对这个矩形地块进行改造时,设计师仔细研究了国际象棋竞赛的悠久历史,并以其竞赛规则和战略、战术作为公园设计的基础,使公园的每处细节都与国际象棋词汇的传统含义相关联。

为了体现出公园的设计意图,并控制公园的造价,设计师以棋子为模型设计了 5 座有趣的灯塔,每座灯塔高约 8.5 米,底座采用 Trex (一种塑料与木料混合的再生产品)装饰材料制成,棋子形状的顶部由白色人造帆布制成,白天洁净、浪漫,夜晚则散发出柔和的光线(图 4-59)。Trex 材料的维护成本很低并且可以适用于不同的结构,国际象棋公园的舞台、座椅、墙壁以及灯塔都用 Trex 材料制成。

图 4-59　国际象棋公园的棋子灯塔

设计师从著名雕塑家野口勇的灯饰作品以及康斯坦丁·布朗库西的抽象作品中获得灵感,重新塑造了这些棋子的形状(图 4-60),并精心摆放在公园周围,使之能够呈现出古代雕塑的演变史,激发人们的创造力和挑战精神。

图 4-60　国际象棋公园里不同棋子灯塔的立面图

音乐家、演员、艺术家可以在国王灯塔对面的舞台展示他们的才艺，后面是Trex装饰材料制成的灰色幕墙，构成了舞台背景，社区居民也可以在此进行一系列的活动。此外，幕墙还降低了长廊周围的高层建筑所带来的压迫感。运动区是公园的中心区域，人们可以在镶嵌了黑白瓷砖的国际象棋桌（共16张）上进行国际象棋竞赛（图4-61）。

图4-61　人们在镶嵌了黑白瓷砖的国际象棋桌对弈

《汤匙和樱桃》（图4-62）是奥登伯格在美国明尼阿波利斯市的一件作品。由于单体樱桃为圆形，轮廓缺乏丰富变化，因此奥登伯格加上了另一种现成品元素——餐勺，并依靠餐勺的特殊形态与环境水体巧妙融合，使整件作品既诙谐又富于形式感，也是两种不同现成品元素进行组合搭配并能够取得成功的经典范例。和《花园水管》一样，《汤匙和樱桃》也结合了能动的水体设计。水从樱桃茎部喷出，落入周边池塘中，为整件作品增添了极大的动感和美感。而在冬天水池封冻时，积雪落在樱桃上又使其变成了一个美味的圣代。

《平衡的工具》是奥登伯格在德国维特拉股份有限公司创作的一件现成品公共艺术作品。这件作品论高度不及前面提到的《晾衣夹》，论占地面积与尺度不及《飞舞的球瓶》，但是这件作品却因对三种不同现成品元素的成功组合而著称。钳子、榔头和螺丝刀按照门形构图被组织起来，产生了既稳固均衡又富于动感的独特视觉效果。如奥登伯格自己所言，达到了一种“崩溃边缘的平衡”。组合后的形体克服了单一形体的单薄感，与初落成时的周边环境形成了良好契合。4 年后盖里设计的博物馆落成，经过业主与两位艺术家的协商，《平衡的工具》迁移到新位置，并与背景中的盖里博物馆相得益彰，两者的扭转与不可预知感形成了完美的搭配（图 4-63）。

图 4-62 《汤匙和樱桃》

图 4-63 《平衡的工具》

图 4-64 为奥登伯格的另一件作品《卡特彼勒履带上的口红》。作品本身具有较强的寓意和讽刺感，带女性意味的物体——口红，与履带的形体进行了组合，表达了女性施展魅力无坚不摧的含义。但单纯从形式上看，两者组合后的形体下部宽大坚实，上部挺拔细长，具有极强的稳定感或传统雕塑中的“纪念碑性”。

图 4-64 《卡特彼勒履带上的口红》

《被掩埋的自行车》(Buried Bicycle)位于法国巴黎维莱特公园,是奥登伯格系列公共艺术作品中占地面积最大的一组。作品选用了一种和法国颇有渊源的现成品——自行车作为主要元素。考虑到公园场地的广阔面积后,奥登伯格决定作品应具有较大尺度并由露出地表的实体和地下的虚空部分按自行车的特定结构组成,这也是“笔断意连”的绝佳体现。每个单体都考虑了游客特别是儿童攀爬游戏的可能性。为了区别于公园内的一些红色小建筑,作品选择了蓝色为主色调(图 4-65)。

《被掩埋的自行车》中主题元素的选择来自流亡法国的爱尔兰作家塞缪尔·贝克特 1952 年的作品《莫洛伊》。书中主人公莫洛伊从自行车上摔下,发现自己躺在沟里并无法认知任何事物。这一故事和贝克特的代表作《等待戈多》同样荒谬,却引发人对生存处境的深刻思考,是描述人类体验和人类意识作用的杰出作品。同时,法国还是自行车的诞生地,并拥有享誉世界的环法自行车赛。另外,奥登伯格在创作过程中还特别提到了两位现代艺术大师——毕加索和马歇尔·杜桑利用自行车现成品进行的艺术实践。图 4-66 就是毕加索于 1943 年创作的《公牛头》。通过对自行车座和车把形态的观察、提炼和重新组合,使现成品具有了生命的意义。当然,这么多位大师不约而同选择自行车作为现成品艺术的主要元素，还跟自行车外形特征鲜明，主要结构明确且暴露在外，拆卸组合便捷等因素分不开。

图 4-65 《被掩埋的自行车》

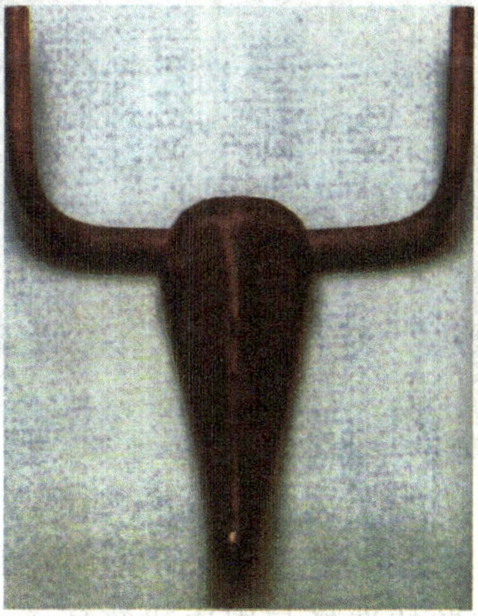

图 4-66 《公牛头》

《针、线和结》是奥登伯格 2000 年落成于意大利米兰卡多纳广场的大型公共艺术作品，作品由高 18 米的穿线针和 5.8 米高的线结两部分组成。奥登伯格和布鲁根的最初设想始自附近的米兰火车站，决定用针插入织物的形态来表达列车穿入地下隧道的喻义：因为针与火柴一样都是轮廓比较单薄且缺乏变化的物体，因此奥登伯格用缠绕的线使其膨胀并富于美感。最后针线缠绕的图像还与米兰市徽——蛇不谋而合。作品的两部分相距 30 余米并被一条公路隔开，但观众依然可以感觉到完整的形态。两部分的长度比基本符合黄金分割律，整体形态又和环境形成呼应，给历史悠久的米兰城带来一份顽童般的不羁与天真(图 4-67)。

图 4-67 《针、线和结》

《锯子，锯》是奥登伯格为日本东京国际展览中心设计的公共艺术作品之一。主题的选择与周边建筑环境有密切关系，比如作品鲜艳的红、蓝色调与建筑的灰色调形成反差，锯子的锯齿形状也与周边建筑的三角形元素紧密契合。同时，奥登伯格还希望西式手锯能够脱离其功能，在陌生的东方环境中引发对其身份的全新诠释（图 4-68）。

图 4-68 《锯子，锯》

《棒球棒》位于美国芝加哥，全高 29.5 米，是奥登伯格最高的作品之一。从形式语言上，奥登伯格放弃了一贯使用的现成品原始形态，而是用低合金高强度钢条精心编织出棒球棒的立体轮廓，从而既在高度上与身边芝加哥的象征——西尔斯摩天大楼相呼应，又成功消解了自身的巨大体量而不显得过于突兀，为芝加哥这样一个处于衰落中的老工业城市带来难得的轻松与谐趣（图 4-69）。

《漂流瓶》（Bottle of Notes，1993）位于英国米德尔斯堡，属于英格兰东北部利用艺术作品振兴经济不景气地区的项目之一。由于著名航海家库克船长就诞生于此，因此作品主题一开始就被定位在与航海有关。在短暂尝试了帆船等造型元素后，奥登伯格选择了漂流瓶，并意识到瓶身就可以作为文本记录米德尔斯堡的历史。与《棒球棒》不同，《漂流瓶》属于很特殊的框架造型，带有随机和有机性质。

图 4-69 《棒球棒》

漂流瓶身外部的灰白色字母组成了库克船长日志记录中天文学家的一句话:"We had every advantage we could desire in observing the whole of the passage of the Planet Venus over the Sun' s disk."内部的蓝色字母则记载了合作者、奥登伯格的夫人布鲁根的诗句:"I like to remember seagulls in full fight gliding over the ring of canals."除了将瓶身作为文本记载媒介的用意外,丰富的表面形态变化也使观众的视线从漂流瓶呆板的轮廓上转移开,形式美感由此产生。内部由蓝色字母组成的另一套框架体系则增加了空间元素,进一步丰富了视觉观感(图 4-70)。

图 4-70 《漂流瓶》

作品《克鲁索的伞》利用物体的结构骨架进行创作,显得别具一格。这件作品的选题过程颇有趣味,布鲁根早就希望奥登伯格在大型公共艺术作品中尝试更为有机的形态。奥登伯格受到《鲁滨孙漂流记》的启发,以鲁滨孙的第一件手工制品——伞为主要元素进行创作。由于鲁滨逊的伞只可能是用枝条制成的,因此奥登伯格的伞也必须结构化。他按照基地形态和形式美规律将伞倾斜布置以追求动感、均衡和指向性间的平衡,并完全按照伞的"结构骨架"而非轮廓来组织形式语言,取得了简洁、震撼并富于神秘色彩的艺术效果(图 4-71)。

图 4-71 《克鲁索的伞》

第五节 日本公共艺术空间建构

日本公共艺术的发展走出了自己独特的道路,他们结合各地区的旅游发展和形象塑造,有计划地发展城市建设和建立雕塑公园。同时,考虑日本国土狭小的特点,注重对已有设施的美化,增强整个城市的艺术氛围。由于经济发达且信息渠道畅通,20 世纪 70—80 年代以来的日本公共艺术建设往往紧跟美、欧最新趋势,并结合自身文化传统予以继承发扬。

立川市是以公共艺术提升地域价值的最佳案例。

1922年设立了立川陆军飞机场，原本是东京都中部武藏野台地西侧的一个小村的立川开始有了些生气。1945年日本战败后立川成了美军基地，在1950年的朝鲜战争和1965年的越南战争中，立川都作为美军的重要基地而成为军事目标。1977年美军基地转移，立川才交还给日本。

1982年东京都制定了"立川城市基础整顿基本计划"，对定位为"城市商务核心"的立川进行商业和办公用地的大规模都市开发。由于立川特殊的历史背景，立川地区在很长一段时间没有得到人们的认可，地域价值不高。在这样的背景下，有人提出通过公共艺术提升地域价值的建议，得到市政府的认可。

1991年12月，立川召开了立川"公共艺术策划公开投标竞标会"。在5个参标者中，日本著名艺术策展人 Kitgawa Fram 提出的《惊喜与发现的街》的方案脱颖而出。Kitgawa Fram 在《惊喜与发现的街》的方案中提出了他的构想：①世界的街。森林的趣味可以说是生命的多样性，不同的树木、声音、鸟类和昆虫也就是所谓的森林异构表达。那么对于艺术，不同的民族、不同的想法、不同的艺术形式可以有很多不同的材料，这就是多样性。多样性也是当代生活艺术的基础，艺术品会作为一个仙女出现在森林中，转变从一个艺术家与一个不同的想法开始。请不同民族、不同艺术风格的艺术家参加创作，创造一个多元和共生的世界、童话般的城市。②功能的艺术化。在这个高密度的现代建筑街区中不适合纪念碑式的雕塑，更重要的是要把那些裸露的、冰冷，如墙壁、通风口、停车场、楼梯死角、检修门、标牌、灯饰、照明等建设工作不能进行处理的机能设施变成艺术创作的宝库，将这些机能设施逆转成为一个强大的艺术传播场。③惊喜和发现的街区。有趣的街，我想走的街。新的城市没有传统城市生活的阴影，没有固化的特定性；让艺术走入生活，成为生活的伙伴；去熟悉，去触摸，去感受，艺术不是高高在上、画地为牢，而是随意摆放的、亲和的，人们可以和艺术交头接耳。"这竟然是艺术！"在这些惊讶的言语中，人们得知这是一个有惊喜和发现的城市。1992年3月

Kitgawa Frarn 当选为“FARET 立川”公共艺术总体策划人。

“FARET 立川”的公共艺术项目在 Kitgawa Fram 的总体策划下，聘请了 36 个国家的 92 名艺术家，创作了 109 件公共艺术品。1994 年 10 月 4 日，“FARET 立川”公开的当天，平日人流稀少的立川车站被四面八方涌来的人潮挤得水泄不通。小小的立川市以 109 件公共艺术品成为日本拥有公共艺术品最多、最密集、融入市民生活最深的艺术街区，随之成了日本市民最喜爱居住的街区之一，地域价值随之飙升。

图 4-72 是《天使的椅子》，为了搭接爱的桥梁降落在立川。细心的天使有意拉开了距离，为了你们更容易接近、更好搭讪。太近不好意思，太远又无法接近。这是艺术家反复实验后的最佳距离，其目的是为两个素不相识的天使能够在此自然地降落，然后凭他们自然的沟通去缩短这个距离。艺术家还恶作剧般地将椅子做成了光滑僵硬而又冰凉的大理石，有意不让你们坐得太久。①

图 4-72 《天使的椅子》

聆听自然的风曲，倾听爱的表白。艺术家用金属管为你装上了“顺风耳”金属管的两侧有无数风孔，风成了最伟大的作曲家（图 4-73）。当两个人同时向你倾诉，你该如何分辨谁是真心的呢？

① ［日］刘欣欣．日本公共艺术之旅（图文版）[M]. 北京：人民邮电出版社，2013.

图 4-73 《闻风而歌》

在现代化的都市里，人们可以舒适地享受现代文明。但是在人工的环境中也不可以忘记大自然。这棵像被随意丢放在这里的枯树干也许是世界上最贵的树干，它是用铜做成的，完全是人工的自然(图 4-74)。

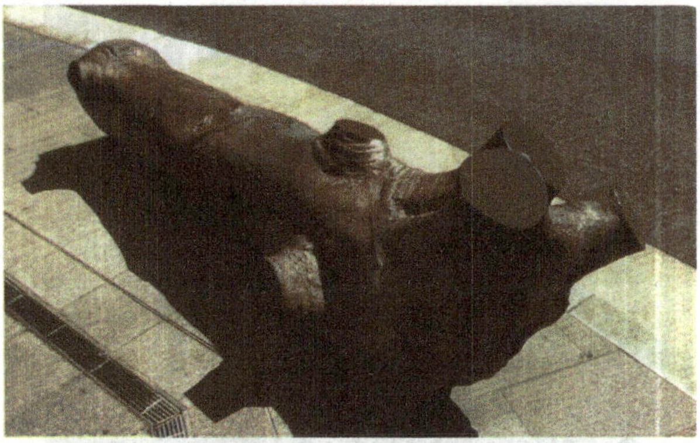

图 4-74 《木头长椅》

这光天化日之下有妖魔出现？还是我神经错乱走火入魔？这空空的椅子明明没有人，在地上却清楚地显现着人影，这是谁的错？难道我来到了有两个月亮的世界？鞋子还在这里，我却只见人影。都是艺术家的恶作剧，让我体验了幻境般的世界(图 4-75)。

图 4-75 《原样生活》

图 4-76 是位于现代建筑空间中的一个“花盆”，据说艺术家的灵感来源于故宫的消防水桶。

图 4-76 《相约在“花盆”》

是哪家淘气的孩子竟然在路边的车上随便涂鸦？是谁如此霸道，竟把车停到了人行路上？你不必担心，更不用报警。转过来看一看，这只是被锯成一半的汽车，它已无法开走，孩子们可以钻进去模仿大人的样子开车（图 4-77）。

图 4-77 《奇妙的汽车》

日本当代公共艺术的崛起首推人才的培养，二战结束后正值日本美术界破旧立新的时代，各种新思潮被广泛引入、接纳。井上武吉、崛内正和、朝仓乡子等共 38 位青年雕塑家一同成立了“现代雕塑集团”，以不受风格、派别局限为宗旨，对活跃日本战后雕塑界的风气起到了很大的促进作用，可惜举办了 3 次展览后即解散。20 世纪 70 年代，日本部分县、市、町实施用艺术点缀环境的计划，井上武吉等青年艺术家在这些地方通过购买、举办雕塑大赛等形式收集艺术品，成了日本公共艺术的领军人物，引领日本公共艺术迈入了世界领先的范畴。

在东京都厅有一个供市民举行活动的市民广场。广场的蓝天中一条圆弧形的红色彩带腾空而起，直刺云天。这红色弧线就是日本现代著名雕塑家井上武吉为东京都厅大厦量身定做的作品，他用两块焊接在一起压成弧形的钢板，在僵硬的空间中架起了一座艺术的彩虹，钢板的横断面形成了东京（Tokyo）的首字母“T”（图 4-78）。

图 4-78　井上武吉作品

日本公共艺术作品在形态上往往有十分鲜明的特点，尺度较小但做工精良。这有多重原因，首先，日本人有重视环境、亲近自然的传统，因此日本本土艺术家的公共艺术品普遍具有注重从形态和材质上与环境结合的特征；其次，这一方式往往适用于尺度有限的艺术品，日本公共艺术品尺度普遍较小，这一方面是由于日本人口稠密、资源稀缺、空间狭小，也与日本公共艺术计划注重收购艺术家现成的架上作品有关。换句话说，在日本，室外公共艺术的工程性不像中国的大型城市雕塑那样明显，因此与艺术家的架上创作距离不是很遥远。最后，日本有发达的金属加工业，很多市、町的小型家族企业掌握着一两门精湛的加工工艺，保证了日本艺术家的构想得以彻底实现。主要以材料的肌理特性进行创作的日本女艺术家多田美波特别强调，很多艺术品离开日本，离开这些小型加工厂是无法制作出来的。

总体而言，日本在当代公共艺术领域发展的成功经验对同属东方国家的中国有很大的借鉴意义。

第六节 西班牙和澳大利亚公共艺术空间建构

一、巴塞罗那的城市公共艺术

巴塞罗那经过一个世纪的努力，从一座没有广场之名的城市，演变成人称“开放空间的雕塑美术馆”的城市，历史记载着这座城市文化艺术的荣耀。巴塞罗那被全世界的评论者称为世界上最摩登和最有活力的城市，也被赞誉为城市规划最前卫的一个代表符号。为什么它能够得到如此高的评价？这座艺术之城的魅力得益于她推行了一个半世纪的公共艺术，虽然“公共艺术”这个专属名词在巴塞罗那直到20世纪70年代才开始出现，但巴塞罗那实施“公有空间的艺术品”政策却有很长的历史了。

1820年之前，巴塞罗那的公共空间很少，更谈不上公共空间中的艺术品了。市民对公共空间的需求最终引发了1860年《赛尔达规划案》的实施，巴塞罗那经改造成为棋盘式城市，具备了现代都市的格局。为了1888年举办巴塞罗那市第一次万国博览会，1880年巴塞罗那通过了《裴塞拉案》，其主旨是所有的公共建筑物都具有国家（地方）形象，让民众欣喜，让商业兴隆，让人民以国家（地方）形象为荣。

在这种意识之下，注重地方形象、设置艺术品促成了巴塞罗那建设公共空间及安置雕塑品的第一个高峰期。

20世纪70年代之前“公共艺术”在巴塞罗那被称为“公有空间的艺术品”，指把具有纪念性的雕塑放在公有空间，也就是一般认为的最早期的公共艺术阶段，它的特色是“建筑师和雕塑家”一体，这与16世纪意大利在其公共空间设置许多雕塑的定义是一样的，大都是历史或人物的纪念雕塑（图4-79，图4-80）。

图 4-79《伊利贝拉女王像》

图 4-80《女人和鸟》

1979年西班牙民主化，法令的制定和实施权由中央转移到地方自治区，巴塞罗那属于加泰罗尼亚自治区，公共艺术的法令条规依照自治区的法令实施。1985年，巴塞罗那效仿意大利1949年宪法的百分比方式实施公共艺术政策，其公共艺术经费来源除地方工程外，艺术品的经费来源分别来自自治区（1%）和国家文化部（1%），此外还能申请省议会补助额度，最高可达1%，加在一起的总额度甚至可达近4%。1991年5月28日与1993年11月4日两次修法，使公共艺术的范围扩展到古迹维修、地方历史文物等层面。

巴塞罗那在1980年以前，城市密度以危险的速度飙升，单纯发展经济的负面影响在当时的巴塞罗那市得到了集中体现。为了改善城市环境，满足城市居民提高生活品质的需求，巴塞罗那于1980年开始了真正的大规模城市改造，以建筑家里奥·博依加斯就任巴塞罗那市规划局局长为契机，特别是1986年宣布巴塞罗那为1992年奥林匹克运动会举办地以后，巴塞罗那加快了城市改造步伐，进行再开发，这也被看作解决该市城市环境问题的一座里程碑

从1982年至1986年，巴塞罗那开始出现了一系列大型的城市空间。这期间，雕塑扮演了重要的角色，甚至让人感到整个巴塞罗那市都要变成一个开放空间的雕塑博物馆。

1985年巴塞罗那被确定为1992年奥运会主办城市后，为了迎接奥运会的挑战，巴塞罗那市实施了更大规模的修建活动，推出新的更具魅力的开放空间。这一重建规划一直延续到奥运会之后的现在，使巴塞罗那不仅成为欧洲最有活力的城市之一，而且成为具有科学发展观和前卫精神城市规划设计的光辉典范。

巴塞罗那的艺术项目聚合了众多艺术家的梦想，项目选择了西班牙著名艺术家奇里达、米罗，美国艺术家凯利、理查·塞拉和罗伊·利希滕斯坦，组成一个以著名艺术家为成员的团队，作为都市革新的计划参与者。方案规划协调委员伯赫格斯和艾斯比罗给予了艺术家们史无前例的自由发挥程度和一切技术上的帮助。

在巴塞罗那市政委员会的支持下，巴塞罗那市原来的一处采石场被改造成了开放的休闲公园，西班牙雕塑家奇里达在这里创造了一个新颖的大型雕塑。尽管观众首先看到雕塑是在它的前方，但最好的角度还是在雕塑后面的山上向下俯瞰，这也是奇里达个人对水仙的描绘：它的另一半是由水中的倒影组成（图4-81）。

接受委托创作的艺术家名单，更是集中了西班牙和全球其他国家的著名艺术家和建筑师，如利希滕斯坦、奥登伯格、沃尔特·德·玛丽亚、贝尔利·佩伯、宫胁爱子等。在这个尊重艺术的国度里，“艺术引领城市”不仅是一个口号，更是以一种新的“横

向机制”实施到城市的具体建设实践之中。这种“横向机制”打破了以往城市综合开发“纵向机制”带来的规划、设计、建筑、景观、公共艺术等相对独立、缺少融合的弊端。以艺术家、建筑师、工程师、市政人员横向协作为基础，以继承历史遗产为基本理念，融入“绿与水”的主题，进行“地区规划优先、连接整体系统”的动态城市再开发，并将艺术造型作为原发点直接介入城市规划与设计体系，使整个城市充满了艺术的魅力。

图 4-81　采石场悬浮空间

为了展现各自的城市文化形象，许多奥运城市都建设了多种多样的文化及景观设施，雕塑公园的建设更是许多奥运城市不可缺少的基本建设之一。巴塞罗那采用了新的理念整合自己的城市文化力量，其理念是将整个巴塞罗那作为一个大的艺术公园加以建设，将公共艺术的概念从单体的形态中解放出来，以公共艺术配合景观营造为原点，介入城市整体区域与空间，将规划与城市设计、历史环境保护、城市的整治更新和交换纳入一个大的视觉体系加以考虑，甚至将规划本身作为造型加以研究。

在以奥运为契机的城市改造进程中，巴塞罗那在城八区范围内选择了近百处场域和节点重点加以改造，根据场域的不同采用不同的解决方式，既有“横向机制”下的团队互补，也邀请委托世界级艺术家进行创作，一些较大型场域则由城市委员会委托设计，在邀请艺术家创作时，也充分尊重艺术家选择场域的权利。

此外，在城市家具、设施设计方面，也反映了巴塞罗那艺术介入空间的创新精神，无论是汽车站、坐椅、道路隔离系统，还是共有空间的娱乐设施，巴塞罗那都为我们提供了优秀的城市设计理念与实践。

公共艺术引领的城市再开发使巴塞罗那赢得了广泛的赞誉，诸如“巴塞罗那是个运动中的城市”“一个随时有变化发生的城市”“城镇规划风格前卫的一个城市”的评论对于巴塞罗那一点也不为过。奥运会的召开无疑也对巴塞罗那的建设和再开发起到了很大的促进作用，使全世界的目光集中在了巴塞罗那，为巴塞罗那带来了世界声誉。

1991 年，哈佛大学授予这个城市著名的威尔士王子奖，奖励过去十年中巴塞罗那出色的城市规划设计和城市开发，这也从一个侧面反映了巴塞罗那新一轮城市建设的辉煌成就。

二、墨尔本的城市公共艺术

（一）墨尔本公共艺术概述

墨尔本的人口在澳大利亚城市中排名第二，是维多利亚州的首府，也是澳大利亚的文化首都、南半球的巴黎。因为其移民的多样性和文化的多元性等因素，拥有传统、现代和当代的公共艺术。正是公共艺术的繁荣，成就了墨尔本文化都市的地位，而这与其艺术和城市规划机制的一体化不无关系。

墨尔本因其公共艺术计划而享有盛誉，从 CBD 的艺术创作委托，到市内公园和画廊中的展览，公共艺术计划保障了永久性和临时性艺术作品的双重呈现。到过墨尔本的人多半对那里世界级的文化设施、文化活动以及政府对文化建设的重视印象深刻。这与墨尔本都市文化的建设非常注重文化结构和时空布局的整体性，制定实施具有导向性的文化发展战略分不开，更与墨尔本公共艺术计划的整体性分不开。

墨尔本地方政府认为，文化对于确保地区的活力与繁荣至关重要。1987 年，墨尔本议会首次通过文化发展计划，1993 年修订，1998 年 12 月再次修订。该计划的主要负责单位是市议会的规划、发展及环境委员会，其行政负责部门是文化发展局。1993 年修订的文化发展计划确立了文化计划五年施政的指导原则，1998 年则确立了 1999 年至 2003 年的文化政策纲领。1998 年的墨尔本文化发展计划目标主要有两点：一是用活动打造艺术之都，希望通过系列活动，增加墨尔本市为前卫都市的透明度，平衡传统、创新和商业之间的关系，打造多元文化。二是倡导现代艺术及文化活动，展现墨尔本的艺术优越性及创新特质，反映其多元的生活特质，并且鼓励社区居民参与。

图 4-82 公共艺术《墨尔本的门户》

早在 1994 年，墨尔本所在的维多利亚州就颁布了 21 世纪的文化产业战略，勾勒了其艺术与文化未来发展的框架。该战略名为《文化 21 世纪，1995—2005 年》，明确了该市文化建设的发展方向，确立了其成为国际文化都市的发展目标，并提出了配套的文化发展战略，设立了都市文化建设的检验指标。与此相对应，墨尔本公共艺术政策也于 1994 年出台，涉及的公共艺术机构繁多,包括艺术咨询委员会、公共艺术顾问团、ArtPlay 和青年项目咨询小组、土著艺术咨询小组、社区文化发展咨询小组、艺术之家咨询小组、并购小组(当代室内艺术)、人民和创意城市委员会等。

与此同时,墨尔本规划了2004年至2007年的艺术发展策略,其核心是参与、交流、生活化和多元,强调用艺术培育和促进社区的活力,主要包括以下几个方面:“土著艺术和文化”强调城市肌理,“视野”强调社区参与和艺术委托,“社区服务和文化的发展”强调创造性和社区关系,“艺术空间和场所”强调公共空间富有活力和城市博物馆不断变化,“艺术、文物和历史”强调社会的广泛传播(图 4-83),“艺术投资”强调获得一种灵活的艺术支持渠道,“创意、讨论和关键的辩论”强调多元与交流。

图 4-83　人造历史遗迹《建筑片段》

墨尔本的这种公共艺术计划和发展策略有力地支撑了城市文化的可持续发展,更长远的艺术策略也由此被制定。2010 年的艺术策略是配合墨尔本未来的城市发展战略而制定的,其核心是创新,鼓励艺术中的创造性探索,以打造一个充满活力的创新型社会,最终造就更大范围的社会繁荣。2020 年的艺术策略核心是可持续性,致力于在 2020 年之前将墨尔本建设成一个更加富有吸引力、富有灵感和可持续发展的城市。

（二）亚拉河上演时空风尚

先有亚拉河,后有墨尔本。这条 272 千米长的河流流淌出沃伯顿以东的亚拉山谷，蜿蜒汇聚到菲利普海湾入海。温柔的亚拉河以一条飘带的超然姿态穿城而过，滋养着城市里复杂多层的生物链，并把城市一分为二。

亚拉河上沟通南北的十几座桥梁，不仅起着交通连接的作用，似乎也有着草绳记事的人文价值，同时如一颗颗璀璨的珍珠点缀着素颜的亚拉河。这里既有古典的桥梁，散发着欧洲殖民地的历史风情；又有一些独具特色的步行桥梁，用前卫优美的造型张扬着这个城市的活力与新历史。南门人行天桥就是这样的一座新桥梁。

山德里奇大桥（Sandridge Bridge）则是一座有历史意义的桥梁，原为铁路桥，废弃之后于 2006 年改建成一座富有公共艺术特色的行人和自行车专用桥。这是一个关于城市记忆的公共艺术作品，主桥体由拆除了钢轨后保留下来的老铁路桥钢梁构成，只是在西侧加入黄色的钢梁作为新建的人行桥之用。黎巴嫩艺术家纳迪姆·卡拉姆的作品《旅人》（图 4-84，图 4-85）立于桥上，由通透的玻璃墙与不锈钢剪影雕塑构成，材料语言及作品形式让沉重的旧铁轨桥焕然新生，更具亲和力与观赏性。立于山德里奇大桥步行道旁的 128 块透明玻璃墙上明晰地记载了大量移民者的故事以及墨尔本一次次的移民浪潮历史。玻璃板上由不锈钢网络编织而成的剪影雕塑作品，体现出鲜明的土著艺术图形风格。

图 4-84 《旅人》（1）

图 4-85 《旅人》(2)

韦伯桥(Webb Bridge)是一座步行桥，造型奇特，艺术家的想象力在此得到充分发挥。这里原为韦伯码头铁路线的一部分，原来的轨道在20世纪90年代末拆除，2004年在其南端改建成韦伯桥。韦伯桥的设计理念和视觉风格与其所在的多克兰港区融为一体，共同构建了一场未来派风格的视觉想象盛宴(图4-86)。

图 4-86 韦伯桥

桥体平面呈自由曲线，在北岸入口处，有一大胆新颖的180°回旋弯道设计，配合银色的拱形金属交错网格，犹如一条奇异妩媚的蛟龙横卧河中。透过镂空的线条望向天空，天空也荡漾起如河水一般的波纹，静谧而唯美，一点也没有躁动凌乱之感。

行至南岸，网状金属由柱形断面的钢梁和有一定间隔而又有韵律的弧形拱构成。不知这样的造型是否是对其前生——铁路线的纪念，但是行走其中，观者能很明显地体验到一种类似列车驶去、光影游移的数字化影像景观。

即使是如此天马行空的造型，在功能设计上也细致入微：入口桥面由亚光不锈钢栏杆分成人行道和自行车道，入口转弯处则由红色混凝土隔离墩隔开自行车和人流。走过180° 别针形弯道，路面不再细分，人与自行车混行。这似乎也表明了设计师的某种观点：在桥体平面复杂变化之处，道路更加细化和明确，而在相对平缓的中央部分，则人车混行，反而增添一种轻松自在之感。

（三）伯拉让·玛尔公园——存留记忆之园

伯拉让·玛尔（Birrarung Marr）公园在土著居民兰德赫里人语言里的意思是“河边的迷雾”。早在1859年，殖民政府就已经规划出这片河畔沼泽公园的美化及绿地用途。在2002年1月26日的澳大利亚联邦国庆日，公园被重新设计规划后正式启用。位于亚拉河北岸，连接联邦广场与国家运动公园，同时延伸着城市滨水绿化带的伯拉让·玛尔公园，被市政府明确定位为“节日公园”，这与墨尔本发展旅游事业、开展国际体育竞赛的城市定位是一致的。园区的整体规划布局颇费了一些心思，通过一系列梯田式的承接起伏，营造了一个既相对开放又使视线聚焦亚拉河的开敞空间。其交通系统的划分原则在于能否在园区内更好地观赏到城市中主要的地标，在视觉上与地理上实现园区与城市地标的连接。

伯拉让·玛尔公园作为墨尔本最新的城市公园典范赢得了广泛的声誉，如2004年澳大利亚皇家建筑师协会（RAIA）授予其沃尔特·伯利·格里芬奖。伯拉让·玛尔公园也是亚拉河畔最古老的公园，见证着土著居民与外来移民的生活变迁。新的伯拉让·玛尔公园通过设计与艺术的方式保存了这段历史文脉，使得自身形象鲜明，魅力独特，令人向往。

伯拉让·玛尔公园内的儿童娱乐设施靠近联邦广场的公园入口，首先给人一种充满设计感与造型感的印象。这样的布局主要是因为此处紧连城市中心的商业区，家庭来此购物休闲，孩子需要一个玩耍的乐园。国外的儿童娱乐设施与国内有很大不同，虽然其器材大同小异，多半是一些沙坑、摇摆吊床、小型攀登场地和平衡梁等，但是国外的儿童公园会将这些设施与空间作为一个景观或者雕塑整体来设计，每一处都自成风格，通过娱乐的空间来激发孩子的想象力，而国内的儿童娱乐空间还停留在标准件购买组装的阶段。

《扎营河畔》的英文解释是River Camp，用河畔扎营这种生活方式指代澳大利亚原住民的生活全景。伯拉让·玛尔公园的这一区域可以说是最具特色、最具民族性的空间。通过整体的公共艺术营造，生动地演绎着土著居民的老故事，展现着土著文化的多样性与民族性。作品中，下层台阶、鳗鱼地铺、河流与5个犹如金属盾牌的立柱，构成了这个富有凝聚力的舞台，或者说具有一定戏剧性的空间，5个富有原始意味的立柱分别代表着5个土著民族（图4-87～图4-89）。

图4-87 《扎营河畔》中的民族图腾柱

图 4-88 《扎营河畔》中的鳗鱼图饰

图 4-89 《扎营河畔》中的声音墙

（四）多克兰港区——再开发计划创造未来之城

多克兰港区的公共艺术规划是大胆的（图 4-90），试图造就一场视觉盛宴。我们不得不叹服墨尔本的创造力与想象力，叹服它游走在土著文化和当代艺术之间的天马行空的创造，以及把这一切展现出来的自信。

靠近海港有条长长的滨海大道，对比色的线条穿插其中，道路被巧妙地切割成菱形，远远看上去像是当代梯田，纵向的路面色彩与横向的建筑色彩共构一个视觉秩序，间或种有一列植被，一眼望去，疏朗有致，轻松欢快。这是澳洲的人文特点，立体的被简化成平面，平面的被简化成点和线，点、线又变成符号……能简绝不繁，能亮绝不暗，能轻松绝不沉重（图 4-91）。有这样的整体意识，创造出来的艺术必然会共同呈现出一种气质，作用拟的精神深处。澳洲的欢快，墨尔本的奔腾，体现于此，且根源在于此。

图 4-90　多克兰港区街道

图 4-91　“智能城市”

三、悉尼的城市公共艺术

（一）从《公共艺术政策》到城市整体活力——艺术融入城市的典范

1994 年，悉尼《公共艺术政策》出台，该政策指出，如果要使悉尼成为一个真正伟大的城市，必须具有繁荣的艺术和文化。如果要使人们感知悉尼是一个伟大的城市，那么整个城市必须随处可见艺术和文化的存在(图 4-92)。

该政策的目的非常明确，致力于通过公共艺术项目，将艺术融入到城市中。在追求卓越、创新、多样性的同时，保持城市公共空间的美观和文化的重要性，以及与当代艺术实践动态的一致性，使悉尼成为一个具有创造活力的城市。该政策鼓励艺术家、规划师、建筑师、城市设计师以及所有参与市政厅主要艺术工程的人员通力合作，为公共艺术做出更大贡献；鼓励各级政府和私营部门提供公共艺术产品，并采用整体的方式进行艺术设计和规划。该政策还充分认识到悉尼不同社区的丰富性，注重在创意规划过程中吸引社区参与，激发公民的自豪感。该政策还注重提升公众理解和欣赏公共艺术的水平，确保公众认同该城市所收藏的户外艺术品和纪念物是宝贵的文化遗产，必须对其进行专业的管理和保护。正是该政策的执行，为悉尼的公共艺术发展奠定了坚实的基础。

图 4-92　奇夫利广场

（二）悉尼奥运会——从生态切入的公共艺术

2000 年的悉尼奥运会将悉尼城市推向世界的前沿，赢得了广泛的赞誉，这也是悉尼公共艺术“大跃进”的发展时期。悉尼奥林匹克公园是一个非常成功的案例,成为奥运会期间人们交往的主要场所。其设计以生态学原理为指导,在材料应用、艺术形式和功能等方面都具有较高的学术价值和社会意义。公园所在地以前是盐碱沼泽和桉树林,后来被屠宰厂、烧砖厂和军备供应站所占用。设计者通过现代生态技术,以保留或修复的方式对其进行改造,呈现出一个兼具文化性、地域性、多样性和自我修复能力的局部生态系统。同时,通过将露天运动场、活动中心、竞技场和交通枢纽汇集在一起,营造了与自然生态相和谐的游览、休憩和大型活动的公共开放空间,从景观及功能等方面突显了整个园区建设的可持续性。

奥林匹克公园的中心轴线统领着奥林匹克场馆设施以及公共艺术景观,高大的太阳能灯柱、树阵、地面铺砖强化了轴线的视觉统一性。而另一条隐藏的生态轴线——"水脉"从奥林匹克公园中心轴线最北端的《北端水景》(图 4-93)开始,用南北两处人工塑造感极强的喷泉景观,诗意地表达城市水循环系统在这个区域的可持续作业,将功能与景观完美结合在一起。此水景最初的方案是将周边海湾的水系引到公园里,但原本就脆弱的生态系统不允许这样大规模地改造,于是明线水道就变成了暗藏生机的喷泉景观。

乔治·哈格里夫斯联合事务所设计的这一喷泉景观极具诗意和情趣。《北端水景》由一系列人工铺的路径引向一组深 200 ~ 300 毫米、占地约 500 平方米的水池,包括 3 排水状树,其中两排坐落在石铺路上,一排坐落在水池中。水状树与地面成 60° 角射向四周,喷泉高度达 12 米,宽度达 8 米,场面十分壮观。喷泉喷出的弧度与石铺台阶之间形成一个空间,激起人们想要进入其中嬉水的兴趣。

这个水景装置采用了先进的雨水回收采集处理技术,也是公园的水循环系统、水利控制系统和 ESD 的理念在奥林匹克公园的重点应用。林荫道对面是将原基地上被污染的原料进行处理后堆筑而成的曲线螺旋山,它与水景构成公园北端重要的景观节点。这个经过艺术化处理的地形连同周边各种要素大胆和谐地结合在一起，创造出特定的公共场所。《北端水景》装置充满动感，在夜晚灯光的映衬下更加光彩夺目，给人以强烈的视觉冲击力。

图 4-93 《北端水景》(局部)

《渗透》这件作品由澳大利亚雕塑家阿里·普尔霍宁设计，他在通往湿地码头的桥面上做了一件创造性的艺术品，用来改造哈斯拉姆斯码头的景观。夜晚，当你沿着观景桥走向码头时，一踏入作品地板表面的金属光栅栏，就像触碰到了一个开关，栅栏下的一排排铝棒开始发光，犹如画棒绘出颜色，产生奇特的光效。

图 4-94 《渗透》(局部)

（三）两百年纪念公园——从生态到纪念空间的交响

在悉尼奥运会期间，两百年纪念公园的建设也是一个很好的人文与生态融合的案例。

纪念公园选址在远离悉尼市区的霍姆布什湾，是悉尼市垃圾集中处理地带。大大小小的废弃物堆积的小山包严重破坏了此处的自然环境，公园运用生态恢复学原理把废墟变成森林和绿地，恰到好处地表达了政府对于环境保护的重视。同时，公园身处城市中心之外，没有明确的尺度界限，有更大的空间探索本土的生态景观模式，也可为奥运会选址及城市新的发展空间试金。纪念公园跨越运河，包括一大片森林，其中设有探险娱乐设施，如登山绳、滚筒滑梯、沙坑和分布广泛的攀岩甲板结构；运河西侧的水轴线景观及几个纪念性公共艺术作品，则让公园的主题逐渐明晰。公园既有轴线式的仪式感空间，也有穿插性与随机性较强的灵活性空间（图 4–95 ～ 4–97）。

图 4–95　两百年纪念公园鸟瞰图

图 4–96　两百年纪念公园大门入口

图 4–97 两百年纪念公园水轴线景观

（四）都市村庄中的诗意与步行

2006 年，悉尼的公共领域政策草案核心是建立一个适合步行、充满活力的绿色的悉尼。它主要包含 4 项原则：一是连接性、连贯性，即通过车行网络、道路铺砖、城市家具、色彩指示等手段加强城市公共领域的连接性和整体性。二是独特性、多样性，强调悉尼独特的身份和多样化的社区。三是可持续性，即建造绿色城市，使用可持续、环保的材料。四是无障碍，强调街道的可通达性，创造如家庭般友好的城市和安全舒适的公共空间。最终使悉尼成为一个兼具“步行、阳光、绿色、生活”等元素的宜居之城。悉尼都市村庄这个概念逐渐清晰。

《被遗忘的歌》由大卫·托伊、王于渐等人共同创作，位于天使广场。栖息地的丧失威胁着鸟类的生存，曾经天使般的鸟类住在这里，重新给它们一个城市家乡的栖息地，夜幕降临，你可能会听到夜莺、猫头鹰等鸟儿的歌声（图 4-98）。

2006 年悉尼的公共领域政策，打破了城市规划与艺术品的界限，将公共空间作为一个整体来统筹，同时将公共艺术全面渗透到生活的内核，提倡一种都市的慢生活景观，使悉尼成为生活的都市、绿色的都市、体验的都市、诗意的都市。

2009 年的“Art About 悉尼公共艺术节”就是在这样的都市村庄理念中孕育而生的。它分为两大板块：一个是 CBD 街道复兴项目，在城市街道上支持艺术家完成临时性的公共艺术作品；另一个是支持艺术家及市民在室外展出关于悉尼城市记忆的图片。此活动由政府、街道开发商、商户、策展团队、艺术家共同完成（图 4-99）。

图 4-98 《被遗忘的歌》

图 4-99 悉尼海滨雕塑展

其实，从每一座城市的建筑形态、社区形态以及人文环境，都能依稀触摸到一个城市的发展史。智慧的城市人，会用书签一样的方式将这些重点的章节标注起来，继而塑造出一个城市的形象。公共艺术是这些书签与标注的最好形式，它能使城市文脉明朗起来，使城市精神拥有载体。

第五章　中国城市公共艺术案例分析

中国在改革开放后，以城市雕塑、壁画为主要表现形式的公共艺术进入快速发展期。20 世纪 90 年代，伴随着现代城市的急速发展，全国各大中城市热衷于兴建公园、广场等公共空间，不仅为市民提供了丰富多彩的公共环境，更为公共艺术提供了载体和空间。

第一节　广　场

一、杭州日月同辉广场

杭州自古就是我国东南地区的文化经济重心之地，地处京杭大运河南端、长江三角洲核心地带，天然的地理优势为杭州的发展奠定了基础。改革开放以后，杭州的经济发展速度我们有目共睹，随着二十国集团（G20）领导人峰会的举行和亚运会的筹备，杭州的国际形象进一步提升。

如果说，过去杭州的城市名片是西湖，那么可以说，现在以钱塘江为根基的新城发展的名片是日月同辉广场。

日月同辉广场以其匠心独具的设计理念赢得世人的瞩目。它正式建成于 2009 年，两个主体建筑分别为杭州大剧院和国际会议中心。大剧院造型独特巧妙，形似一弯迷人的弦月；国际会议中心宏伟雄奇，恰如钱塘江畔升起的一轮金色太阳，二者共同生动诠释了“日月同辉”的自然蕴意。在“天圆地方”的理念下，另一部分的主要区域则是市民中心，由中心 6 座环抱的建筑、行政场所和四周 4 座方形裙楼构成（图 5-1）。

图 5-1 广场内的雕塑

杭州国际会议中心与大剧院有所不同，在设计中，更多的是考虑它的实用功能性和在城市规划中担当的使命。所以，杭州国际会议中心的设计，不仅有效整合了大剧院周边的外部空间，与市民中心、大剧院形成三足鼎立，从而达到呼应、协调、完整、统一；也实现了地理环境、功能要求所设定的开放性、包容性、活力场所的打造。它是功能与形式高度统一的成功之作。采用钢结构建设，高达 85 米的杭州国际会议中心是以举办大型国际性会议和白金五星级酒店为标准进行设计的，是目前国内面积最大的会议中心。随着 G20 峰会的举行，杭州国际会议中心已成为杭州新的人文景观（图 5-2）。

两大主体建筑连同供市民使用的杭州图书馆、杭州市青少年活动中心、杭州市城市规划展览馆、杭州市市民服务中心等组成的日月同辉广场成了游客、市民游玩聚集的热闹繁华之地，尤其是夜色下的广场更是美轮美奂。在夸赞西湖胜景的同时，人们也开始惊羡钱塘江新气象的风景独好。

日月同辉广场是大都市下的城市新景观，不仅体现了新时代特点，还体现了浓厚的人文情怀。在广场周围的建筑中，杭州图书馆尤其表现了这一特点。从2003年起，杭州图书馆就允许乞讨者和拾荒者进馆阅读，在阅读面前，没有等级，没有差异，开放的管理体现出平等的人文精神，这也是日月同辉广场公共性的体现。

图 5–2 杭州国际会议中心

二、青铜器广场

我国的青铜器冶铸技术已有数千年的历史，取得了辉煌的成就。我国第一个以青铜器文化为主题的广场是鄂尔多斯青铜器广场，它位于鄂尔多斯东胜铁西新区，总占地面积10.4万平方米，分地上、地下两部分，布局对称，主要由日穹、月镜、青铜群雕等建筑设施组成，是集休闲、商业、娱乐等于一体的大型商业休闲设施。

青铜器广场以"军心似铁，感召日月"为原点，由日穹、月镜两个主体建筑集中体现。日穹的半径是以"太阳"为造型的钢结构金色穹顶，饰以民族元素、青铜纹理；月镜是以"月亮"为造型的钢结构，历史文化内涵与现代手法结合，两者对称呼应，成为焦点（图5–3）。

位于广场景观轴的南端，有一座休闲亭，顶部的“胡冠”是根据出土的匈奴金冠样本设计打造的，金冠上昂首傲立的雄鹰与休闲亭表面的图案，展现了蒙古族彪悍的民族性格，突出了地域文化特色。广场内的雕塑极其丰富，多达52种、91件，按类型分有兵器工具用器、装饰、车马器、动物等，大多采用圆雕、浮雕、透雕等装饰手法。这些青铜雕塑造型生动形象，表现丰富，各具特色，如一幅幅画卷，真实再现了青铜器时代和古代牧民的草原生活，把草原文化中崇尚生态、崇尚自由、崇尚英雄的文明演绎得淋漓尽致，达到了历史再现与文化内涵融合、艺术与功能共生的效果。（图5-4）

图5-3 青铜器广场的标志物

图5-4 青铜器广场上的人物雕塑

青铜器广场从青铜器文化与古代游牧文明汲取特色，充分运用了园林造景的手法和现代艺术理念，既展示和发扬了青铜器文化，又还原了游牧民族的历史文化，使人们感受到其中生动、奔放、野性、自然的生活气息，对人们了解多民族的中华文化提供了支持与帮助。但是，广场在设计中也存在一些不足，如植被不够，缺乏水域的设计，导致生态环境干燥，没有达到理想的舒适度。同时，水泥、雕塑的清一色设计显得有些单调，也缺乏与群众的互动。

三、通州运河文化广场

围绕着京杭大运河设计的运河文化广场有两个，其中之一的通州运河文化广场是在京杭大运河的北终点——北运河遗址上修建的。广场现位于通州区东关大桥北侧，总面积近 53 公顷。它不仅具有纪念中国古代杰出的运河文化、展现古代劳动人民智慧的作用，还为人们营造了一个丰富多元的休闲场所，集保留历史传统与改善绿化环境、丰富市民精神生活于一体(图 5-5)。

图 5-5　通州运河文化广场

我国大运河的开凿修建是世界上最为杰出的工程之一，它基本贯穿了华夏文明史。京杭大运河是在隋唐大运河的基础上进行改道修复的，对我国古代经济的发展起到了重要作用。通州运河文化广场即以京杭大运河为依托，广场保留原有的三间牌楼，牌楼上题写着“运河文化广场”，是广场南入口的标志物。进入广场，正中设计了一条千年运河步道，并以“千年运河”为主题，在主路中间铺展五六百米长的花岗岩石雕，向人们讲述运河的辉煌历程。另外，通州燃灯佛舍利塔是通州的标志性建筑，为了强化这个运河标志，设计了一条指向燃灯塔的轴线，使人们可以由此轴线眺望运河对岸的古塔（图 5-6）。

在保留浓厚的运河历史文化的同时，广场在设计中还融合了现代元素，如广场北端的高大雕塑、东部林区内预留的雕塑园，不乏艺术作品带来的现代气息。

运河文化广场充分利用运河的水道，致力于滨水环境的营造，最大特点就是“水”元素的运用，如在漕运中诞生的 5 个主要码头的恢复、沿岸绿带内部景区多主题水景的设计等。在设计中，注重每一个细节，将漕运文化元素、北京地理气候环境、游人观赏体验、城市生态保护、水资源节约、景区维护等都一一兼顾。

图 5-6　“千年运河”

综而述之，通州运河文化广场凭借独特的文化资源，以传承漕运历史文脉为出发点，具有历史纪念意义，又很好地实现了城市生态、可持续发展的要求。

四、贵州册亨布依文化广场

册亨县隶属于贵州西南部的黔西南布依族苗族自治州，地形地貌独特，南北盘江环抱，群山连绵。册亨县人口总数的76%是布依族，是名副其实的中华布依第一县，有着历史悠久的民族文化。为了彰显布依族文化的特质和多元性，打造富有民族特色的城市客厅，册亨县突破地理环境的制约，于2010年举全县之力修建了布依文化广场（图 5–7）。

就整体而言，布依文化广场地理位置优越，临近中心城。在规划设计过程中，注重地域性与民族性，利用独特的黔西南自然地理环境，吸收中国古代造园艺术中借山水为景的精粹，营造了山峦起伏错落、江水如带环绕的空间魅力。同时，建筑多采用具有民族特色的语言和元素（图 5–8）。

图 5–7　布依文化广场的标志性建筑

图 5-8　布依文化广场全景

作为城市公共空间，布依文化广场的公共艺术也较为典型。在材料选取运用上，他们没有采用城市雕塑中常见的花岗岩、大理石、砂岩或不锈钢、铸铜等材质，而是就地取材，从者楼河、盘江河床里筛选了体量较大的鹅卵石作为创作素材，做到了既节约成本又绿色环保。在艺术作品创作方面，他们也是邀请本地雕塑家并且围绕着布依文化为主题而创作，这些充满着野性力量和民间趣味的作品本身又与周围环境相互融合，点缀着文化广场。总之，布依文化广场深扎于民族文化里，把地域文化与民族艺术风情表现得淋漓尽致。

在功能服务方面，布依文化广场着意于丰富全县人民群众的文化生活，打造一个集休闲、健身、娱乐等为一体的大型综合性活动场所。相传，能歌善舞的布依族人民在历史长河的发展中形成了一个美好而独特的习俗，每到节庆时节，他们要聚集起来，跳起欢快的转场舞。如今，每当节庆的时候布依文化广场就有成千上万的布依族民众与国内外来宾心手相连，跳起转场舞，层层环绕，摩肩接踵，场面盛大，蔚为壮观。

五、天府广场

位于成都市经济、文化、商业中心的天府广场，落成于2007年，总占地面积8.8万平方米。它的特色在于其文化符号、元素、人文特质等均从本地文化中汲取，展现了千年古城的魅力。广场分为东广场、西广场两大部分，由广场上太极云图中部的曲线分开。东广场为下沉式广场，西广场主要为喷泉景观。

在成都这片土地上，曾经的古蜀文明显赫一时。成都，人称“天府之国”，自古以来就是人文荟萃之地，也是道教圣地。据传老子就降生于青羊宫，而青城山也被誉为四大道教名山之一。成都有着说不完的蜀文化，有着数不尽的风景名胜。天府广场的景观如太阳神鸟、鱼眼龙腾喷泉、黄龙云形水瀑、乌木雕刻立碑等等，都是从其中演绎而来(图5-9)。

图5-9　天府广场雕塑

广场的太极云图正是对道教阴阳太极的体现。巨大的太阳神鸟造型位于太极图案中心，其灵感来源于金沙遗址出土的太阳神鸟金箔。它的设计生动再现了远古时期“金乌负日”的神话传说，表达了对人类生生不息的讴歌与赞美。鱼眼龙腾喷泉则利用了长江和黄河的文化象征，寓意着新时代的腾飞。黄龙云形水瀑仿九寨沟、黄龙景区，设计梯田的地势落差，造就了水瀑的壮观。雕刻立碑刻有《成都颂》《天府广场记》，分别立在南面的两侧，向人们讲述了古蜀文明和今日四川的辉煌发展。环绕四周的 12 根文化图腾柱和 12 个文化主题雕塑群是天府广场中的主要环境艺术设施。文化图腾柱直径 1.2 米，高 12 米，蔚为壮观。文化图腾柱的主体采用金沙遗址出土的内圆外方形的玉琮为主造型元素，三星堆出土的顶尊底座为图腾柱的基座造型，上下部和两侧的装饰纹则来自金沙的眼形器纹和三星堆的云纹。除此以外，图腾柱的顶部设计了 LED 激光演映球屏，球体表面隐饰的是太阳神鸟的暗纹。可以说，天府广场的每一个细节都体现出一股浓厚的巴蜀文化气息，而其中又不乏新的设计手段、元素的成功融合运用（图 5-10）。

图 5-10　天府广场的“仙源故乡”雕塑

当然，天府广场也存在一些不足，作为以交通休闲为主要功能的综合性广场，在使用上的公共性、服务性等方面仍有一些缺陷，如周围交通带来的安全隐患、绿化不足、街道家具过少等问题。

六、贵州印江书法文化广场

众所周知，中国的书法文化源远流长，延绵至今，是世界文明史上一颗璀璨的明珠。而利用书法文化打造的广场中，贵州印江的书法文化广场就很有特色。印江全称为印江土家族苗族自治县，位于贵州东北部。自明代起，印江书法文化便发展迅速并普及民间，诞生了周冕之、王道行、周以湘、严寅亮等著名书法家，至今印江书法活动仍然十分活跃，深受当地民众欢迎。印江书法文化广场位于印江县城西侧，面积达10万平方米，主要有主题标识区、中国书法历史区、书法作品展示体验区、贵州书法区、国际书法区五大区域，主题鲜明，各具特色，其中融入文房四宝、朱砂、印鉴、历代书法流派大家及其代表作等元素，有书法长廊、亭台、雕塑等。它的规划设计体现了国际视野的定位，抓住了印江的文化特征，运用公共艺术的表现手法，目的在于打造国内一流的书法文化广场（图5-11、图5-12）。

图5-11　印江书法文化广场雕塑

书法本身就具有丰富多样、雅俗共赏的特点。印江书法文化广场在这个基础上，充分运用公共艺术语言的丰富性，采用多元化的表现形式，如运用不同的材质、灯光、色彩、肌理等，或抽象或写实，尽可能营造丰富多样的视觉、触觉效果，丰富市民的体验。同时，展示各种书法大家的作品，虽然他们的书法风格不同，但都精彩绝伦，再加以艺术化的再造，让人流连驻足。印江书法文化广场在生态与文化的结合上也较为成功。印江自身环境优美，在景观较少破坏的前提下，注入书法文化元素，使得广场的绿化面积达 60% 以上，其间绿树掩映，小道蜿蜒，河流环绕（图 5-13）。

图 5-12　毛泽东书法镌刻作品

图 5-13　书法文化广场

2016 年，首届书法文化艺术节也在印江书法文化广场举行，以"书法之乡 · 养生印江"为主题，别具特色的表演、"书香印江"

的穿插、系列书法文化相关活动的展开，向人们展示了印江书法文化艺术特色和多姿多彩的民间文化，推动印江走出去。可见，印江书法文化广场在打造品牌声誉、增进区域文化认同感、发展经济及文化方面发挥着重要的作用（图 5-14）。

图 5-14　书法作品及造纸技术展示

第二节　公园绿地

一、长春世界雕塑公园

坐落于北国春城的长春世界雕塑公园，是第一批国家重点公园，是长春的城市名片，正式开放于 2003 年。它的主题鲜明，是一个融汇当代雕塑艺术，展示世界雕塑艺术流派的主题公园。它位于长春市人民大街南端，总占地面积 92 公顷，水域面积达 11.8 公顷。公园在规划设计中充分利用了自然地势和天然碧水的优势，采用传统与现代结合的设计理念，融合中西方造园艺术手法，突出雕塑的主题特色，以湖面为中心，并将山水、绿化、道路巧妙运用到整体规划中，成功打造出集自然山水与人文景观相融的一座现代城市雕塑公园，赢得世人的称誉。

长春世界雕塑公园的主题雕塑《友谊·和平·春天》(图5-15)巍然耸立于春天广场中央，气势宏伟，被誉为镇园之作。两大主体建筑“长春雕塑艺术馆”与“松山韩蓉非洲艺术收藏博物馆”则充分体现雕塑艺术自身给建筑师带来的设计灵感。另外，公园在动与静、虚与实、直与曲等手法设计上处理得尤为成功。公园主入口罗丹广场及两侧弧形引导墙采用沿中轴线的对称布局，张弛有度，带来强烈的动感体验；友谊喷泉广场则利用不对称的轴线转折，通过跨湖平桥与主题雕塑遥相呼应。同时，罗丹广场、膜结构观景台与自然的山水地形、植物景观融为一体，高低错落，虚实映照。主环路、沿湖路环绕湖水与人工瀑布的设计，为游客营造了丰富多样的韵律之美(图5-16)。

图5-15 《友谊·和平·春天》

纵观世界雕塑历史，横看现代雕塑风格，长春世界雕塑公园以拥抱全世界、欢迎全世界的姿态面向世界。园内荟萃了来自200多个国家和地区、400余位雕塑家的雕塑艺术作品，堪称世界之最。同时，公园还举办过多次国际雕塑大会、国际雕塑展和作品巡回展，以及国际雕塑艺术的交流，东方文化、印欧文化、非洲文化、拉美文化在这里汇聚。

图 5-16　长春世界雕塑公园鸟瞰示意图

长春世界雕塑公园，作为城市的开放性公共空间，始终践行服务社会大众的基本功能，14 年来接待国内外游客 400 多万人次。近几年来，长春市政府又大力创新，实现人性化服务，升级改造，开展众多大型公益文化艺术活动，得到社会的积极响应。如今，长春世界雕塑公园以其独有的魅力和吸引力，已经成为长春市乃至吉林省的一个形象标识，成为国际重要的雕塑艺术交流园地，在国际友好交往，创新、丰富旅游业态及推动城市发展等方面发挥了重要作用。可见，雕塑作为城市公共艺术，在精神文明建设、陶冶民众情操、展现城市品格等方面起到不容小觑的影响（图 5-17）。

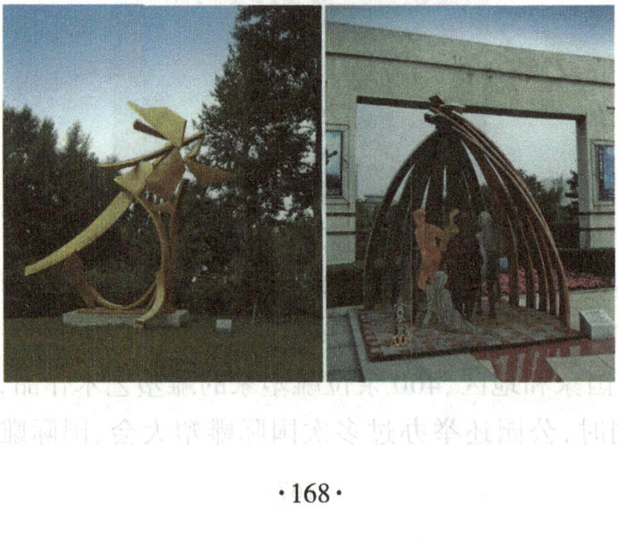

图 5-17 长春世界雕塑公园内的各种雕塑

二、西湖国际雕塑邀请展

2012 年 11 月 22 日，由杭州市政府、中国美术学院、中国雕塑学会等共同主办的中国杭州第四届西湖国际雕塑邀请展成功举行。与前三届“山·水·人”“岁月如歌”“钱潮时刻”不同，这一届的主题是围绕水与陆为生存之本，表现栖居与游观文明衍生的“水陆相望”，展览地点也改在更符合水陆特色地域背景的西溪湿地国家公园。

西溪湿地国家公园位于杭州市区西部，占地面积 11.5 平方千米。虽然距市区不过数千米，但其环境幽美，植被繁多，是杭州的天然绿肺。

本次邀请展览作品秉承符合江南文化背景的原则，重视艺术作品与西溪湿地的空间相融合，强调地域空间与文化自身特色的艺术主题，力求强化互动，深化体验。展览由“守望”“相望”“秋望”三方面共同组成。入选的作品有 51 件，国内作品 40 件，国外作品 11 件，分别来自巴西、德国、美国、法国、克罗地亚等国家（图 5-18）。

图 5-18　西湖国际邀请展雕塑作品

作品无论从形式、风格或是主题上，既关注了传统的表现形式，也关注了具有当代审美取向的形式创新，作品整体追求艺术性、观赏性、参与性、互动性等的合一，注重时代性与国际性的结合，注重科技化与智能化的整合，注重多元化与个性化的特点。如中国美术学院教授许江的《葵灯》《风》《伞》《秋望》等均很好地体现了这些特点（图 5-19）。

图 5-19　雕塑作品体现出江南特色

从入选条件和作品来看，作品与西溪湿地公园环境的协调，使得展览相得益彰。观众在参观中徜徉品味，既感受了杭州地域文化，又欣赏了作品具有的艺术新景观，更增添了西溪湿地的内涵与魅力。由此，雕塑邀请展成为城市公园走出去的一个可借鉴途径。

三、奥林匹克公园

北京奥林匹克公园位于北京城市中轴线北端，是举办2008年北京奥运会的核心区域，也是朝阳区第一个国家级5A旅游景区。在公园规划史上，它的历程漫长而曲折。1998年，国家就批准申办第29届奥运会的主办权，并于次年成立了“北京申办2008年奥运会规划工作协调小组”，对奥运场馆奥运中心区的布局进行研究。2001年申奥成功后，即开始方案公开竞标，随之启动建造，从开始筹备、方案竞标、确定、启动、落成，历时10年。它为北京奥运会的成功申办和举行奠定了基础。

公园总占地面积11.59平方千米，其中，北部为奥林匹克森林公园，将紫禁城的中轴线延伸到最北端，是一个以自然山水、植被为主的可持续发展的生态地带；南部为中心区，奥运会主要场馆和配套设施都集中在此(图5-20)。

图5-20　奥林匹克森林公园内的雕塑富含体育元素

因奥林匹克公园特殊的位置与功能要求，无论从安全性、功能性、生态环保、人文、可操作性等方面来看，它的规划设计都具有特殊的意义。它的设计主要体现了“科技、绿色、人文”三大理念，致力于建造融合办公、商业、酒店、文化体育、会议、居住等多种功能的一流城市区域(图 5-21、图 5-22)。

图 5-21　“同一个世界，同一个梦想”

北京奥运会期间，这里共有 17 个区域投入使用，如鸟巢、水立方、国家体育馆、奥体中心体育场等 10 个奥运会竞赛场馆。此外，还包括一些服务性组成：奥运主新闻中心(MPC)、国际广播中心(IBC)、奥林匹克接待中心、奥运村(残奥村)等。现在，奥林匹克公园成为北京重要的市民公共活动和休闲娱乐中心，包含体育赛事、运动健身、会展中心、科教文化等多种功能。

奥林匹克公园中的鸟巢与水立方两个建筑是北京奥运会的标志性建筑。国家体育场“鸟巢”在公园中轴线东侧南部，形态如孕育生命的“巢”，是摇篮、希望的象征，除北京奥运会外，还有残奥会、田径比赛及足球比赛等大型活动曾在这里举行。水立方则位于公园西南部，可供万人观看，奥运会之后成为一处供市民使用的水上乐园。三大奥运主要比赛场馆之一的国家体育馆是中国最大的室内体育馆。这些著名的建筑设施闻名遐迩，也是我国体育取得辉煌成就的见证。

图 5-22　奥林匹克森林公园内的其他雕塑

奥林匹克公园由中轴线出发，又设置了两条轴线：西侧的树阵和东侧的龙形水系，将整个园区分为 3 个部分。在龙形水系和中轴线之间设置了 3 段不同的空间：庆典广场、下沉花园、休闲广场。同时，设计考虑到了保留历史古迹，如将北顶娘娘庙进行了规划。

奥林匹克公园集中体现了功能使用与生态人文的双重意义，北部森林公园部分表现得尤为突出。“通向自然的轴线”指从紫禁城、天安门这条中轴线一直延续到奥林匹克森林公园，这成为了其重要的结构理念，体现中国文化中“天、地、人”的思想。同时，因地制宜，结合湿地、植被、平陆、山形，设置景观建筑、桥梁、休闲区域，给市民提供了“生态的”“以人为本的”范例，在公园设施的方方面面，也用了高效生态水处理系统、绿色垃圾处理系统、厕所污水处理系统等高科技环保设计，延续可持续发展战略，实现了“绿色奥运”的宗旨。

四、郑州东风渠1904公园

走进一个公园，就是穿过一个历史隧道，郑州东风渠1904公园就是这样一个成功的典范。1904年，当第一列火车驶入郑州，这一刻就被载入历史档案。郑州东风渠1904公园正是紧紧抓住这一重大历史事件，利用遗存的铁道资源进行规划区域和主题设计，传达一座城市的历史文脉和它对过去与未来的审视。

一座好的雕塑，足以成为一座城市精神的象征。郑州东风渠1904公园在火车主题雕塑的规划运用中打破了旧有形式，以艺术为媒介，结合城市历史遗迹，通过城市记忆的叙述，连接城市的过去与未来，完美展现了一座火车拉来的城市，实现艺术、文化和大众在区域空间里的精神统一（图5–23）。

图5–23 展现火车主题

郑州东风渠1904公园的最大特点是首次尝试将公共艺术参与到城市区域文化传承中来，以城市的文脉为表现主题，演绎新兴城市区域与城市记忆之间的关系，从而使得公共艺术作品具有公益性、互动性、教育性。在创作中引入对互动性的思考，作品不仅仅是创作的目的，也是实现创作目的的手段，公共艺术对公共空间的激活是带给我们最有价值的借鉴（图5–24）。

图 5-24 公园内的其他雕塑

五、金华雕塑公园

金华雕塑公园因坐落于金华三江口处的江心岛五百滩上，也被称为“五百滩公园”，是金华市区首个文化主题的城市公园，于 2014 年 9 月建成开放，与黄宾虹公园相距不远。

作为一座文化主题公园，设计者试图通过公园的规划，致力于打造地域文化的活教材，实现金华乡土文化的弘扬和学习。它以名人雕塑为主要形式，以金华的历史文脉为基础而建立。金华历史名人雕塑以一部逐渐展开的竹简形态统领整个雕塑群，选取一系列名人如骆宾王、贯休、宗泽、陈亮、朱丹溪、宋濂、李渔、曹聚仁、艾青、邵飘萍等圆雕人物 119 组、浮雕人物 67 位（图 5-25、图 5-26）。除雕塑外，公园还有广场、绿地、走廊、湿地、音乐喷泉、码头等配套建筑设施。

走进公园，巨石上的“五百滩公园”5 个隶书大字苍劲古朴，显示出浓厚的意蕴。同时，人们也为园内既像大贝壳又像鸟巢的“舞台钢结构”所吸引，与水中的倒影相连，恰好形成一个心形，构思比较巧妙。雕塑除了有石刻文字介绍，还可以通过扫码方式获取相关信息。文化元素、科技元素、流行元素的相互融合，增添了游览的趣味性和互动效果。

图 5-25　金华雕塑公园以文化名人为主题

五百滩公园的目的在于响应政府宣传政策，力图打造有历史、有故事、有文化的公园。但过于突出该功能，使得它也存在一些不足，主要表现在：①缺乏为市民审美生活服务的意识，具象雕塑过于单调，缺少变化；②自然生态性较弱，四周高楼林立，商业广场所占面积过大，绿荫不足，降低了公园应该具有的功能和舒适度；③雕塑布置生硬简单，没有很好地实现与环境相结合，无主次之感。这些都需要在公园绿地规划设计中加以注意。

图 5-26　名人雕塑

六、成都浣花溪公园

在文化主题的公园中，成都浣花溪公园是一座较有特色的公园，它抓住了地域文化的灵魂，并在规划设计中淋漓尽致地演绎出来。公园处于浣花溪历史文化风景区的核心地带，接邻杜甫草堂，总面积达 30 余公顷，是成都市目前面积最大的开放型城市森林公园（图 5-27）。

图 5-27　浣花溪公园以历史文化名人为主题

浣花溪与附近的杜甫草堂是距今 1 000 多年前的唐代大诗人杜甫曾经居住生活过的地方。杜甫凭借其不朽的诗歌绝唱影响了无数代人，因而被誉为“诗圣”，浣花溪和杜甫草堂因此而得名。浣花溪公园正是依托杜甫草堂醇厚的历史文化底蕴，并就历史遗迹和文化进行延伸发展，运用园林和建筑设计的理念打造的城市景观。

总体来说，浣花溪公园在自然景观、城市景观、古典园林与现代建筑艺术的结合上处理得尤为成功。公园主要分为三园：万树园、梅园、白鹭园，主要有万树山、沧浪湖、白鹭洲、川西文化观演广场、万竹广场等景点。人造山、人工湖、湿地、乡土树种的运用，浣花溪和干河两支河流穿园而过，营造了山水交融、绿荫蔽日的自然雅致，游客进入浣花溪，仿佛置身于诗意世界。

设计者从浣花溪、杜甫草堂与杜甫、诗歌的关系中寻求设计灵感，诗意浓厚是它的一大特色。公园中的主要雕塑群“源远流长”“诗歌大道”“三苏”、“三曹”“新诗小径”就是据此而延伸的。“源远流长”位于南门入口的万竹广场，在以四川特色的鼎的焦点周围，树立两座刻有闻一多、鲁迅、孙中山、毛泽东、周恩来、朱德等人的现代诗词作品的石雕。“诗歌大道”与“源远流长”不同，它是以古代诗歌发展史为脉络，主要是屈原、鲍照、庾信、陈子昂、王勃、李白、杜甫等人的雕像，辅以生平介绍，运用文字雕刻的手法，将自《诗经》《楚辞》开始直至当今的历代诗人作品依次排开，整条大道由诗句贯穿始终，是一个大手笔。“三苏”、“三曹”是围绕着苏洵、苏轼、苏辙父子和曹操、曹丕、曹植父子打造的相对封闭的空间，集中展现这六位诗人的精神世界。“新诗小径”则另辟蹊径，以新派诗歌为主题，为当代诗歌营构了独立的空间（图5-28）。

图 5-28　林则徐、韩愈、“三苏”等雕塑

在遵循以诗歌为主题的原则下，公园内还有文字石刻、具象人物、抽象人物、具象事物 4 种类型的雕塑，以大众喜闻乐见的具象人物为主，其他类型作为调节，常用的组合形式是以具象的诗人雕塑形象，配以刻有其诗句的石头，以增强游人对此诗人的印象。

浣花溪公园紧密联系杜甫草堂这一著名的文化景观，通过雕塑与诗歌相结合，使文字和视觉艺术相得益彰，而且深幽小径、自然雅致的诗歌意境的营造，自然景观的生动结合，既立足于文化传统，体现了人文意境，又增添了视觉的丰富性。

另外，公园也充分考虑了人本关怀，优雅的绿化环境中给市民留下了许多活动空间，体现了它的休闲娱乐性与丰富市民生活的功能价值。

七、中法艺术公园

中法艺术公园位于广东顺德市，是由法国文化中心和中国对外文化交流协会联合主办的公园，占地 20 万平方米，致力于打造中国南部地区最大的国际公共艺术交流平台。中法艺术公园作为中法两国艺术交流的见证，启动于 2014 年，此时正值中法建交 50 周年。园内的艺术作品使用了 200 余吨埃菲尔铁桥拆卸后的钢铁材料，由 50 余位中法艺术家共同创作完成，并在广东和巴黎两地举行相关问题的艺术展览和学术讨论（图 5–29）。

图 5-29　以钢铁为原材料的雕塑

中法艺术公园作品的创作采用了跨界方式，通过雕塑、影像、装置、油画、水墨等不同的艺术表现形式，结合中西方创作理念，带给大家丰富的艺术体验，践行了“艺术思考世界”的思想（图 5-30）。

图 5-30　园内的其他雕塑

中法艺术公园的成功在于它既实现了国家之间的对话、当代与经典的对话，更实现了艺术的公众性。艺术的方式和人们的生活融入公园规划、公共雕塑、植物设计以及公共设施当中。它至少能为公园规划设计者带来以下 4 点启发：其一，国际公共艺术的引入，能够让各国艺术家与中国城市建设从业者、艺术设计师密切联系，有利于中国现代化建设中对西方模板的借鉴与本土化创作之间的交流；其二，工业遗存的解决及其意义；其三，引导公众参与艺术，建立公共艺术与公众之间的相互关系；其四，材料的选择与媒介的突破两方面的创新思考。

八、金华燕尾洲公园

金华燕尾洲公园地处金华江、义乌江、武义江交汇之处，主要有湿地保育区、运动休闲区、中心水景区、商业办公区，它创造了富有弹性的体验空间和社交空间，实现了景观的社会弹性，是“海绵城市”规划建设的一个典型案例。

在规划理念上，公园充分考虑城市生态问题。东南地区季节性明显，降雨充沛，因此园内建有不少富有弹性的生态防洪堤。这些梯田景观堤代替传统硬性式驳岸，在防汛工程中引用先进的种植技术，将田园风光纳入现代城市，构成新型城市景观，不仅营造了灵动的景观，也改善了湿地生态系统的连续性。不仅如此，公园在设计中，力图通过最少的工程量，在保留原有植被的基础上，稍加整理，形成滩、塘、沼、岛、林等多样生境，并大力种植水生植物及其他果类植物，促进植被和生物的多样性。同时，为了兼顾湿地保护与亲近自然的诉求，公园采取一定程度的人流限制这样最小的干预设计，尽可能保留了原有植被和环境，有利于生物链的良性发展，使生态系统更趋稳定。

在人文景观的营造上，公园的景观步行桥也是一大特色。景观桥连接义乌江、武义江两岸，将城市连为一体，缩短了两者之间的交通距离。步行桥的灵感来自当地民俗文化，红、黄两色的色彩设计也凸显出浓郁的地域特色，在设计形式与手段上，也有鲜明的自身特点。这座步行桥不仅线条流畅，造型优美，更是将绿廊与多个公园等生态空间与城市串联，成为连接文脉的纽带，强化了地域文化的认同感与归属感，是景观文化弹性的体现。

公园在设计语言上，还大量采用了流线，河岸梯田、种植带、地面铺装、道路、步行桥等都是如此。另外,也多采用圆弧形的线条。这些流线与圆弧形线条和形体既是将建筑与环境统一起来的语言表达,也是水流、人流和物体势能的动感体现,从而使形式与内容达到了统一,环境与物体得以和谐共融,形成了极富动感的体验空间(图 5-31)。

图 5-31　金华燕尾洲公园内景

燕尾洲公园结合了生态、审美、历史、文化多个层面,体现了中国当下城市设计与公共艺术的功能性结合,符合居民的多方面需求。

第三节　街　道

一、青岛壁画步行街

在青岛，有这样一个说法："朝看壁画夜赏灯，购物休闲在台东。"这形象地描述了青岛台东壁画步行街的繁荣特色。但是，在青岛市对市北区的旧城改造之前，这里却完全是另外一个样子。

台东三路步行街是青岛市的老商业区，全长约 1 千米，是青岛最长的商业步行街。这里商户林立，但由于历史的原因，商户与居民楼混杂在一起。2004 年以前，这些居民楼外墙老化，有的墙面材料开始脱落，外挂的空调机杂乱无章，而且墙外随意挂满了形形色色的衣物，被当地人形象地称为"抹布"，与市南区、崂山区的"金边"对比鲜明。

市政府在改造整治时发现，如果拆迁重建则面临一系列问题，如时间紧张、费用成本等。因此，在对步行街进行改造时，为了尽量减少对居民日常生活的干扰，缩短施工时间，同时兼顾不破坏外墙面，市政府决定创造性地利用室外壁画这一公共艺术形式。因为，公共艺术本身具有强烈的表现力，可以提升步行街区的文化内涵，展现自身的个性，还可以利用彩绘涂料保护原墙面的面层材料，增加墙面的防水性能。

壁画中有民俗图案、海洋装饰、时尚元素、戏曲脸谱等内容，在改造的过程中，把壁画创作变成公益活动，艺术家以充分的自由度进行创作，它的成功给公共艺术的研究者提供了新的案例，给城市公共艺术提供了一种新的模式(图 5-32)。

如今，在步行街两侧，约有 6 万平方米的室外壁画，是国内目前最大的一个壁画景观，也是国内目前最大的一个城市公共艺术项目。而青岛台东壁画步行街也已经成为青岛最大的商业圈之一。

图 5-32　青岛台东壁画步行街

二、南昌红谷滩

红谷滩，原称“鸿鹄滩”。红谷滩新区，临江带湖，拥有红谷滩中心区、凤凰洲、红角洲等片区，与滕王阁隔江相望。近几年来，红谷滩新区开发为南昌的新区，发展迅速，凭借其自然环境优势，在南昌的城市化建设中，形成城市滨水自然景观与商业中心的综合体，成为重要的行政中心、经济中心。红谷滩新区的城市主干道和水系是绿色生态轴线，并连接滕王阁、秋水广场、红谷滩 CBD 商务中心、行政中心、西山山脉，将历史与自然、老城与新城密切联系，体现了在新城建设中不忘历史文脉的规划理念(图 5-33)。

红谷滩新区与自然环境有机结合，东有赣江，南有前湖，中心依赣江而建，中心设有绿地广场为公共绿化带。滨江风景绿化带对广大市民开放，且设有防洪堤坝，成为众多市民日常休闲生活的一部分,特殊时期有抗洪之用。其中的秋水广场、摩天轮等景观早已成为南昌的标志性景观。秋水广场中的一组组雕塑,表现内容丰富多样,如江西的历史名人、出土文物、文化建筑、民俗等,生动形象。在一襟晚照之下,散步其中,既感受到文化魅力,又丰富生活娱乐,是市民生活、休闲、娱乐的重要场所。

图 5–33　南昌红谷滩的历史文化雕塑

另有一条红谷大道连接南昌大桥,与滨江大道相呼应。红谷滨江公园位于新区赣江北岸,以喷泉广场为特色,平水池面积超过 1 万平方米,中心的音乐广场成为市民的游乐中心,且配套设施齐全。红谷滩各个部分考虑到了市民的各项需求。另外,一江两岸的红谷滩灯光秀,被誉为世界上最大的、参与建筑最多的固定性声光秀,为南昌的夜景增添了奇光异彩,尤其受到年轻群体的青睐。

红谷滩新区的城市色彩设计也较为成功,它兼顾了南昌红色革命传统和南昌的生活饮食习俗，而且红色也象征吉祥，采用“红色系”作为主题色，符合南昌历史文化及群众审美的诉求。同时，在配色设计上，通过色相、明度、彩度的变化与对比，使红色成为变化的视觉元素，防止了审美疲劳。在建筑、城市家具、标识、照明系统各处又使其强化，配以暖灰色为基调，既体现了新城风貌，又与老城区进行呼应。

红谷滩新区满足了行政办公、住房、学校、医疗、娱乐文化等多方面需求，且注重对老城区的传承，结合天然的自然氛围，以保护为主，设置绿化带，考虑整体美感的需求，是城市新区发展的一个良好范例(图 5-34)。

图 5-34　历史与现代的融合

三、珠海情侣路

珠海是珠江三角洲中心城市之一，毗邻中山、江门、澳门。由于它位于珠江出海口，海岸线长，利用其自然优势，珠海于 20 世纪末成功打造出情侣路。情侣路成为珠海的城市名片，提升了珠海城市的知名度。

沿海岸线规划设计的情侣路曲折蜿蜒，全长 28 千米，位于中心城区东部沿海地带，沿途景点有岛屿、山峦、海湾、酒店、游泳场等，自然地将山、城、海联系起来，使香洲、吉大、拱北三区延展出去，规划出珠海城市的新格局。俯瞰珠海，情侣路就像一条飘逸的绸带逶迤而过，依山傍水，风景秀丽。在这里漫步，远望无边的大海，聆听如松涛声的海浪，在宁静的港湾度过惬意的时光，营造出休闲的生活体验(图 5-35)。

珠海情侣路的设计体现了自然和人文的相互交融，道路线形与周围配套的景观设施、自然风光相呼应。屹立于海上的珠海渔女塑像也象征着美丽与希望，是情侣路上的一个标志，其他的景点也各具特色。在生态方面，情侣路种植海滨特色的植物，如大型棕榈树，结合了城市所处区域的自然特征与风格。

图 5-35　珠海情侣路配套设施

然而，随着城市化进程，珠海情侣路近年来开始出现问题，其中污染问题亟待解决，日益严重的水污染、空气污染、交通油污等使依赖生态环境保护的情侣路的秀丽风光、浪漫体验大为降低。其他如车道设计不合理，没有实行人车分离，配套设施不足，缺乏休闲区域及服务功能，文化内涵不足，本地人的认同感偏低等，也需要加以重视改进。珠海城市方面也在对情侣路进行升级优化，打造更显浪漫风情的国际海岸。优化公共环境，希望可以解决这些问题，让情侣路在经过“小情侣路时代”“大情侣路时代”“不断完善的情侣海岸”3 个阶段后，成为更富有人文气息、生态环境良好的休闲的公共空间，营造国际化的城市魅力(图 5-36)。

图 5-36　珠海情侣路夜景

四、许昌河道景观三国文化

许昌市运粮河的改造是中国河道景观成功改造的典型案例。许昌市是中国历史名城，曾经水系密布，经济发达。三国时期，曹操为便利粮草运输、军事作业、农田灌溉，在此开挖运粮河道，距今已有 1 800 多年的历史，其中有些河道已经湮塞，而许昌市区的一段仍没有废弃。

许昌河道景观正是基于此而顺势成功营造了生态、文明且具有新面貌的城市河道滨水景观。它结合三国历史文化和乡土文化，确定“三国文化风情”主题，全长 7.5 千米，围绕着运粮河道打造出 4 个景观区、6 个游园，连接河道景观区、住宅区、商业街区而打造出“三国文化商业街”(图 5-37)。

以三国文化和漕运文化为主要脉络，以文化传承和艺术创新为基调，是许昌河道景观改造的特征。无论是 4 个景观区、6 个游园、一河十八景广场的主题选取及内容，还是建筑的风格造型、材料及表现形式、手法，都体现了这一特点。如十八景以三曹、王粲等人创作的 18 首古诗来演绎；主题雕塑、情景雕塑和浮雕景墙，或雄浑大气，或沧桑厚重，或装饰华丽，甄选经典的三国故事，运用丰富的雕塑语言进行艺术化的创新表现(图 5-38)。这些既传承了许昌的历史文化，又增添了艺术审美与感染力。

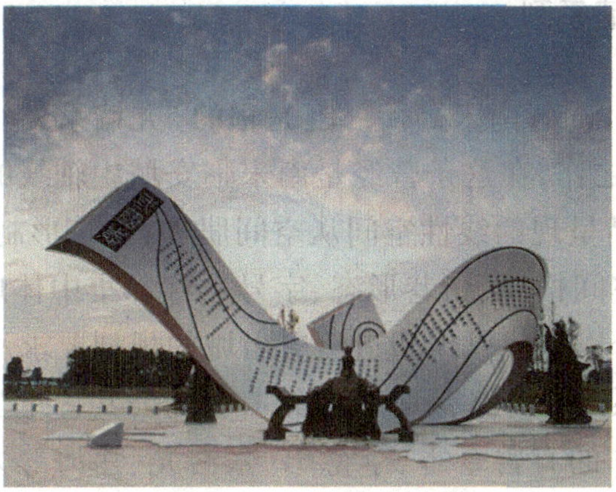

图 5-37　三国元素

不仅如此，沿街修建的商业街及住宅区建筑均体现出三国的风格特征，造型简洁，错落有致，相互融合。沿着河道南北向的景观带，中心与两侧的林荫部分互相结合。中心景观带设有便民休闲娱乐设施，如座椅、健身器材、亲水广场等，营造了宜居、宜游的良好环境。总之，整个许昌河道景观以三国文化为背景，将建筑改建成汉魏风格，形成曹魏文化十八景，打造集商业、娱乐、观光、餐饮、文化为一体的景观带，既尽量再现三国风情，又着重保护运河的生态，是一个城市对于文化的挖掘，宜居建筑与传统结合的佳例。

图 5-38　“天下归心”雕塑

五、九墙系列

2010 年，随着南宋御街一起亮相的"九墙系列"无疑是改造、更新的匠心之作，在这条曾经是南宋临安城中轴线的街道上，"九墙系列"作品呈现的线性空间从空间肌理、建筑形制、邻里结构到地方特征、空间格局、街巷形态、字号名称都集中体现了城市的传统风貌，符合以当代风貌塑造历史名城的规划要求。

"九墙系列"的作者是中国美术学院公共艺术学院院长杨奇瑞，参与协作的有曾令香、李德忠、张浩光、岳海等人。在经过漫长的构思之后，他们开始在杭州城内到处穿梭，一面进行调查，与普通老百姓密切交流，寻找在现代城市化进程中逐渐流失的记忆和文化，勾起人们心灵深处对城市、生活的精神诉求；一面采集素材，从海选、发放调查表、意见征集到最后完成，每一个工作细节琐碎而严谨。"九墙系列"每一件展示的物什都是这样从拆迁之前的老杭州人家里收集的。

在艺术处理上，"九墙系列"中作品与环境的关系表现得尤为突出，对比无处不在。第一，"九墙系列"处在历史文化底蕴极深的位置，曾经的南宋宫城就位于此，其凸显历史传统的延续与周围的都市环境形成鲜明对比；第二，九墙与其上面现代特征明显的建筑风格形成对比；第三，古朴的作品与粗犷、冷酷的钢材框形成对比。作者似乎故意这样设计，通过这种对比，强有力地表达出本土文化在工业文明发展史上逐渐流失的境况。

九面精心打造的艺术墙体，静默无声地讲述过去不寻常的故事，重现了当年生活的横断面，它的时间跨度之大，带给人极具震撼的冲击力。高宗壁书、老式门窗、老式煤球炉、老式凤凰牌自行车、旧窑……这些精选的素材，加以构图组织，体现了作者对本土地域文化、历史的一种冷静思考，对当代城市空间变迁的关注。公众在游览时，能够产生情感的共鸣和互动。

"九墙系列"作为公共艺术在街道的运用，不是仅停留于对过去的迷恋，它的意义在于结合地域文化特色所体现的艺术创新，强调对城市历史生命体的尊重和人与自然的和谐共处。无论是从空间布局、造型设计到元素摄取，还是可持续的互动，“九墙系列”在公共空间里都呈现了一种开放的姿态，成为一种活的城市文化形态。它的出现，打破了原有城市雕塑的疆界，丰富和发展了城市的文化生态，这是难能可贵的(图 5-39)。

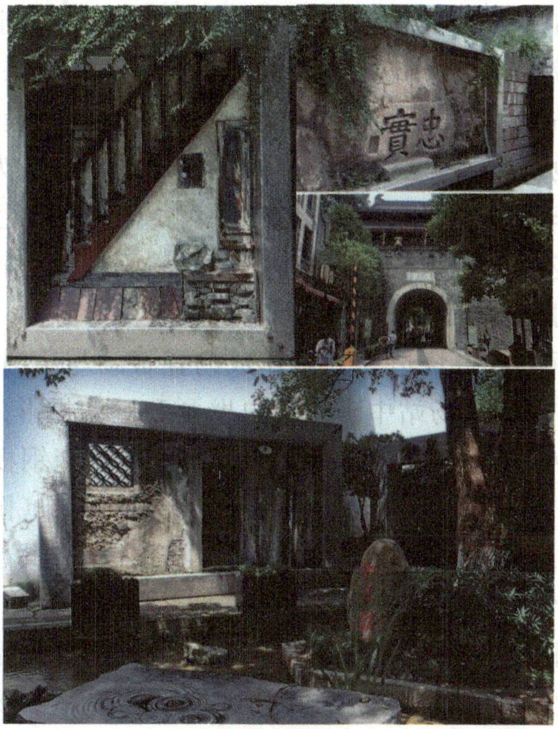

图 5-39　杭州南宋御街九墙系列景观

第四节　地　铁

一、武汉地铁

武汉地铁自 2010 年开始投入运营，便进入快速发展时期，线路相继建设开通。与此同时，地铁公共艺术创作就肩负起引导市民文化、推动城市文明的重要使命。武汉地铁公共艺术作品在结合地域特色体现艺术性的同时，注重文明的引导，它大力弘扬楚文化“自由激扬、开拓创新”的精神，楚文化对武汉城市的发展有着重要意义。武汉地铁中突出楚文化元素，在规划中引入“楚风汉韵”系列的艺术品，如突出“凤”雕、知音故事、成语故事等。

在线路的各个站点上，凸显出不同的主题。如2号线上的汉口火车站站、中山公园站、江汉路站、光谷广场站分别采用黄鹤归来、幸福武汉、时尚江城、科技之城的方案；4号线采用了以辛亥首义、知音故事、张之洞主政湖北20年等为主线的设计。

概括地讲，武汉地铁公共艺术在表现形式上较为丰富多样。如汉口火车站站中当代雕塑装置和拼贴壁画的采用；中山公园站中多种趣味材料如马赛克、玻璃、陶瓷、不锈钢等材料的拼接，公园式空间的营造；江汉路站表现武汉的百年历程；洪山广场站中根据儿童画经过烧造工艺制作成的瓷板画与法国木纹灰石的结合处理；光谷广场站中采用光电壁画和互动投影，强化光谷在武汉的地位；首义路站内由错落有致的红色搪瓷钢板构成的“辛亥首义1911”与手绘历史场景的背景墙共同渲染(图5-40)；复兴路站中石材与铜件搭配，古代元素与现代气息共融，再现黄鹤楼、武汉大学、高铁列车等武汉标志性建筑的设计；王家湾站以汉白玉为材质的二维码墙，融入60余种武汉老字号品牌、标志的表现。总之，这些公共艺术作品根据其特色和效果要求，使得传统材料与新材料都得到有效利用。另外，武汉地铁中一部分壁画是由美术学院来设计，儿童画作品则面向全市中小学生征集，提高了公众的参与感。

武汉地铁公共艺术虽然取得很大的进步和突破，但从整体来看，仍存在一些不足，如设计手法还有待进一步丰富；广告宣传板、LED显示屏等设施与室内空间不协调，妨碍了视觉体验；许多公共艺术被隔离于玻璃之内，降低了体验舒适度，难以引起共鸣，这些都说明设计与陈列应当从多角度、全方位来考虑。

图 5-40　武汉地铁设计体现了当地的历史元素

二、南京地铁

南京地铁是我国较早开通并颇具影响力的城市轨道交通。作为人流量巨大、群众参与性较强的公共空间，南京地铁公共艺术的重要性不言而喻。公共艺术的介入，不仅能美化环境，更是城市文化的一种体现，凝聚人们对城市的认同感。而素有“六朝古都”之誉的南京，文化底蕴深厚，这正是它的优势所在(图 5-41)。

南京地铁的公共空间艺术有一部分是由南京艺术学院规划设计的。总体来讲，它们风格各异，展现了南京的历史和文化底蕴。在艺术手法上，主要采用了壁画、雕塑等创作形式。在理念上，它汲取了一些国外地铁线路艺术创作的理念，突破了公共艺术单一地与所在地的历史文脉、重大事件、环境特点相联系结合的手法。而在选址的寓意性上，将站名与节假日也联系起来，从而使得艺术主题博大而丰富，避免了单调枯窘的体验感受。分而述之，1号线上致力于南京历史文化的呈现，大量汲取相关的元素；2号线以节庆为主题，节庆与站名充分联系起来；3号线以耳熟能详的红楼梦文化为主题（图5-42）；4号线以宁人伟业为主题，用不同的特征、不同的内容，展现不同的主题，但又相互统一，串联起一条条线路。

图5-41 南京地铁中古色古香的设计元素

图5-42 地铁站内“红楼梦”主题元素设计

1号线上的南京地标夫子庙站,用壁画表现夫子庙灯会的场景,营造了热闹喜气的氛围;花神庙则结合其为古代皇家御花园的背景,以花卉为切入点,以南京市花——梅花为元素,营造了花开满墙的艺术美景。2号线上大行宫站的"春节"、苜蓿园站的"七夕"、明故宫站的"重阳"、兴隆大街站的"国庆"、集庆门大街站的"中秋"等,或以壁画或以浮雕的方式展现了传统的节庆文化。3号线的主题选取上,敲定《红楼梦》而不是《桃花扇》,正是为了体现雅俗共赏的共享性。4号线选取竹林七贤、郑和、祖冲之、曹雪芹、陶行知等人物,也都是人们非常熟悉的人物。对于一些核心站点,采取重点烘托渲染方式,如鼓楼站是南京的核心地域,则以六朝古都为主题,青石墙上镶嵌了6枚中国古代红色朱砂龙虎肖形印,刻有"虎踞""金陵"等南京六朝时的称谓和建都年代古称,展现了南京2 400年的悠久历史。同时,还会在这些地方举行相关的文化艺术活动,这些都很好地体现了公共空间的共享性,有利于增进人们的参与、互动意识。

南京地铁中色彩运用比较丰富,不同线路有不同的标志色,并结合不同的装饰色、元素。另外,地铁中壁画的展现手法也具有多样性。如珠江路站壁画《民国叙事》选取民国时期的繁华街景为背景,采用了青铜浮雕和丝网印刷的技法,逼真地再现了当年南京的面貌;位于玄武门站的《水月玄武》则运用了传统漆器工艺设计,用堆漆来塑造湖影斑驳之态;《彩灯秦淮》用搪瓷钢板塑造了长19米的壁画,尽显金陵风情。不仅如此,南京地铁还加入了新媒体元素,如元通站将新媒体墙面装饰设计在乘客的必经之路上,通往站台电扶梯的站厅层,运用水晶这一带有未来感的材质,用简明的几何方圆结合规律改变的色彩,表达了对炫彩未来的期盼。

三、北京地铁

公共艺术对北京地铁的介入,始于1984年2号线站台壁画作品的运用，至今已有30余年的历史。如今，地铁公共艺术快速发展，雕塑、装饰、壁画、装修、书法等各种表现形式随处可见，题材与风格方面也都有了很大的突破。2012年，北京地铁公共艺术主题思路、规划设计原则的确定，更是为北京地铁公共艺术开创了新篇章。截至目前，已经有近百个站点引入了公共艺术，并且伴随着新线路的开通，将有越来越多的公共艺术作品走入公众视野。

（一）北京记忆

在2014年投入运营的北京地铁8号线中，南锣鼓巷站独具特色的公共装置《北京记忆》颇引人注目。《北京记忆》是一堵由4 000多个6厘米见方的琉璃块拼贴而成的装饰墙，通过剪影的形式再现了老北京的人物、生活场景、故事，如街头表演、遛鸟、拉洋车等。每个琉璃块内都珍藏着来自北京市民的老物件，如徽章、粮票、门票、黑白照片、算盘等生活小实物。它就好比散文中的一条线，串联起来就是一个时代的浓缩史，承载着人们对这座城市的记忆。

在每个琉璃块中封存的具有鲜活故事的物件旁边，都有可供手机扫描的二维码，关于物件的详细介绍、所关联的故事以及更多的视频、文字资料都可以通过扫码获取。人们可以留言互动，使互动效果和传播影响力得到了极大提高。《北京记忆》因此将北京的历史文化彰显出来，流传开去，依托地铁庞大的人流，使每个市民都可以参与进来，发生关联。

在艺术形式上，《北京记忆》突破传统地铁壁画的形式和空间局限，利用新媒体、网络等多种形式，与城市、公众和社会发生互动，变单向传播为双向对话，营造一个影响广泛的社会话题。它超越了艺术本体的审美价值，突显其背后的人文精神与社会意义，将公共、大众与艺术融合在一起，创造了艺术与城市、艺术与社会、艺术与大众互动互联的新方向（图5-43）。

图 5-43　地铁内图案的设计体现了北京记忆

（二）地铁 8 号线

8 号线是伴随着 2008 年北京奥运会举行而特别建设的。与其他线路不同，在功能设计上，它不仅要实现交通运输，更要向世界展示中国文化。8 号线上的 4 个站——北土城站、奥林匹克公园站、奥体中心站、森林公园南门站最早建成，也是公共艺术汇聚的站点。每一个站都与它周围的地理特征、历史文化与建筑相互融合，实现了“一站一景”的设计特色。

北土城站紧邻元代古城遗址，在设计中采用传统元素与现代元素相结合的特色手法，提炼出青花瓷和城墙砖两个典型元素，并通过与现代材料的运用结合，给人们带来既符合现代审美又不失北京浓厚文化底蕴的表达。

奥体中心站位于奥运核心区，鸟巢、水立方等重要建筑距此最近。因此，该站主要突出核心区的功能，强调导视系统与信息服务系统。在设计上，采用以灰色调为主、以运动为元素、以三角形为母题的理念。站内的柱体上，由代表奥运体育运动符号的标识组成的图案在蓝灰色的背景下跃动，富有装饰体验。

奥林匹克公园站是围绕“水与生命”的主题而设计的，与附近的游泳类场馆相呼应。为了突出这一主题，站内广泛运用水泡作为设计元素，色调也以蓝色和白色为主，如空间的顶部、灯具等。

森林公园南门站位于奥运核心区以北，是8号线一期的终点站。从森林树木中汲取设计灵感、提取设计符号是该站的最大特色。如站台顶部交错树枝形式的设计与照明设施的巧妙布置，地面36片拉丝金属枫叶与柱体树形的呼应设计以及现代工业材料的大胆运用等，共同营造出充满自然气息的“白色森林”，给人富有童趣、轻松、自然的观感（图5-44）。

图5-44　北京地铁8号线森林公园南门地铁站

8号线既实现了“一站一景”，又做到了各站内容相互联系，将开放包容的设计理念贯穿其中。它的开通向世界传递出中国对奥运的重视和中国的形象魅力，引起了国内外媒体的广泛关注。

（三）机场快轨

与8号线服务功能不同，机场快轨的主要功能是沟通北京城区与首都国际机场，快速是它最突出的特点。同时，因为首都国际机场的重要地位，先进、现代、与世界接轨是机场快轨中公共艺术的设计要求。为此，中央美术学院在方案设计时大胆尝试，凭借前卫的艺术手法，突破传统地铁空间设计缺乏创意的通病，最大化实现艺术化的空间感受与空间体验。

在“空间艺术化、艺术空间化”的总体设计理念下，机场快轨创造性地把平面艺术引入空间设计。以“飞行”为主题，根据各站特点个性化设计，如东直门站强调靠近城市内核的地域性，三元桥站利用其过渡的中间性，T2 航站楼站突出它的国际性。每一个站都融入飞翔的元素，从过去到现在，越飞越高远，从而将整条线路巧妙联系起来。

机场快轨的公共艺术给人留下深刻的印象。东直门站中吊顶的曲面形式拼出飞鸟在空中的流畅曲线，T2 航站楼站中裂开的天空和起伏的吊顶、表现飞行史的特殊处理墙面等空间形态的塑造、平面视觉元素的运用、特殊空间装置艺术设计，为公众创造了体验和分享的空间。

富有特色和前瞻性的空间艺术一体化设计，打破了北京轨道交通空间的常规模式，是机场快轨的亮点所在，为地铁公共艺术提供了新的思路和多元化的设计风格，从而具有指导与借鉴意义。

（四）地铁 15 号线

地铁公共艺术，是艺术在公共空间的表达，要带动公众的参与和关注，需要寻求社会的大众情怀。北京地铁 15 号线的清华东路站在公共艺术的策划设计上具有典型性，是一个很好的案例。

北京地铁 15 号线，是北京最长的连接郊区和中心城区的地铁线路，其中的清华东路站周围高校林立。这些著名的高校，不仅是每一个学子的梦想，更是一个国家和民族走向未来的基石。由这些高校向全国各地学校辐射，唤起人们对过去青葱岁月的回忆，激发起社会群体的共鸣。清华东路站的公共艺术抓住了这一点，选择“学子记忆”作为表现主题。

几乎所有人都有一段深藏在内心的记忆，如校园里蓊郁的道路、晚读的琅琅书声、运动场上的点滴故事、食堂里的欢声笑语、护校河边的青涩爱情。《学子记忆》精选了 16 个最具代表性的场景或情境，以特殊的透视和照明手法，在墙面的“窗口”中进行了还原和展示。

为了更好地创造互动，《学子记忆》也采用“北京 · 记忆”的多媒体形式，每一个作品都有完善的情景对话、资料等录音，大家只要扫描作品旁边的二维码关注公众平台，输入相应的“窗口”

数字编号就可以立即获取。不仅如此,通过公众平台的运营还可以及时传递新的动态资讯和征集更多新的素材资源,实现分享发布、不断更新的持续互动。

由于受到自身空间的影响,观众欣赏地铁公共艺术作品的时间和空间有限。《学子记忆》则打破了这一限制,通过网络媒体等虚拟空间的运用,延伸了与观众的互动,并且在运营的作用下,将其影响逐渐扩大。从此,地铁公共艺术作品具有了“移动”的新特点,为公共艺术作品的再设计和城市文化的服务实现了在地性、互动性、延伸性的统一。

(五)地铁7号线

北京地铁7号线开通于2014年年底,2015年年底全线通车,东西走向穿城而过,途经丰台区、西城区、东城区和朝阳区,属于北京地铁中较为年轻的线路之一。北京城市雕塑建设管理办公室于2013年举行了“北京地铁7号线公共艺术创作题材征集活动”,从20个途经站中选出16个,面向公众进行地铁公共艺术征集,旨在深度挖掘地域文化,充分了解公众精神诉求。其中湾子站的主题为茶文化,广渠门外站聚焦工业文化和城市变迁,九龙山站关注已经消失的九龙山及其遗址,以及丰富多彩的典故和美丽动人的传说,大郊亭站的主题为生态绿色,欢乐谷站关注人文和娱乐性,双井站拥有近代工业文化和历史遗迹。

第五节 商业设施

一、成都太古里

在国外,人们把注重休闲娱乐,为消费者构建全新生活空间的购物中心定义为Life style Center(时尚生活中心),并且这种成功的商业街区案例在国外屡见不鲜。而成都远洋太古里作为开放式、低密度的街区形态购物中心，也是国内 Life style Center 中颇具特色的一个案例。总体而言，成都远洋太古里的特色在于能够将老成都的地域文化、古建筑、国际创新设计理念、互联网背景下的商圈进行充分融合，以极其现代的手法演绎传统建筑风格，将其表现得淋漓尽致（图 5-45）。

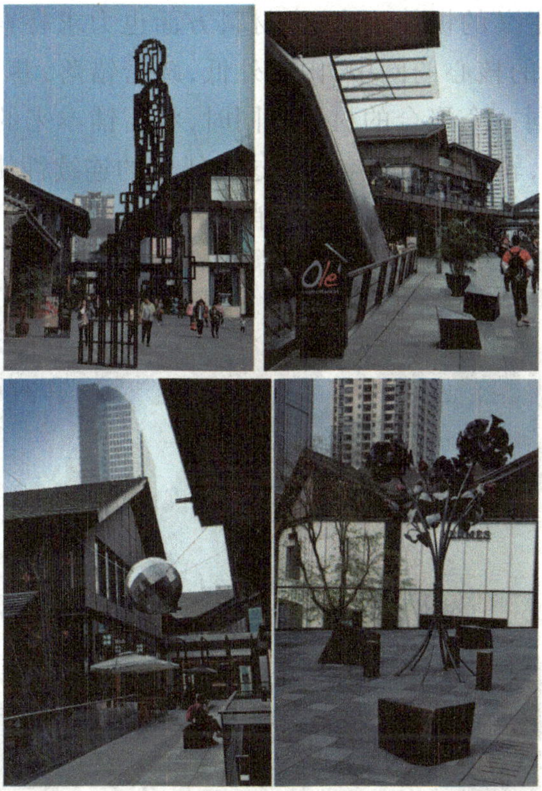

图 5-45　成都太古里购物中心周边设施

在规划设计伊始，远洋太古里就面临着周围旧有街巷脉络、历史建筑、老式住宅区面积大的问题。规划方案最终选择保留历史脉络，将古老街巷、历史建筑与融入川西风格的新建筑相互穿插，营造出开放自由的城市空间。购物中心围绕千年古刹大慈寺而建，保留了笔帖式街、和尚街、马家巷等历史街道。在设计过程中，尽可能使都市文化与历史文化融为一体。同时，开放式的街区为周边居民提供了极大的方便，独栋建筑、空中连廊及下沉空间的巧妙组合，结合广场和街道的尺度，使街区成为天然的休闲、聚会场所。这种公共生活空间的建设、文化之根的传承在城市化快速发展的当下，具有很好的借鉴意义。

为了将成都的地域文化与周围建筑融为一体，远洋太古里遵循了“慢生活”这一原则，建筑密度低，街道开阔，在风格上融入简朴、现代主义的极简理念，在材料方面也力求朴素。整个区域建筑在繁华的核心商圈中，内高外低，疏密错落，巷子套巷子，相互联通，如同一个聚合的村落。同时，将店铺本来的私有化空间向四面开放，转化为公共空间。这种错落的连续性使人在视觉上也有了连续的观感体验，迎合了消费者心理，更带来了闲适感。

图 5-46　成都太古里购物中心的艺术作品

当然，成都远洋太古里在融入地域文化特征的同时，也注重现代时尚的商业氛围设计。整个商业中心分为“快里”和“慢里”两个部分。“快里”以时尚品牌为主，贯穿东西广场，建筑设计融入更多时尚元素；而“慢里”则围绕大慈寺，以餐饮文艺小店为主，主题为慢生活，打造双重生活体验。不仅如此，成都远洋太古里还充分考虑当今互联网背景下的商圈变化——电商的迅猛发展，实体商业受到极大冲击，体验成为实体店的一个突破点，太古里商圈凸显了各种消费娱乐的综合体，结合了电影院、餐饮、服饰、美容、休闲等。

成都太古里的开放街区穿插着众多邀请海内外艺术家创作的现代艺术作品，如《漫想》《婵娟》《父与子》等，有些作品还面向市民征集意见，体现了公共艺术的互动性，而且街区里经常举行文化娱乐、艺术展览、品牌特别活动等，富有人文、时尚、艺术气息（图 5-46）。

二、北京三里屯太古里

位于北京市朝阳区中西部的三里屯是北京著名的酒吧街，是年轻人经常会聚的地方，也是北京夜生活的中心所在。随着什刹海、工人体育场、五道口等区域的逐渐兴起，三里屯也面临着竞争压力。这时，太古里的迅速崛起改变了三里屯的发展境地。

三里屯太古里与酒吧街隔街相望，建筑面积 17 余万平方米，致力于打造以年轻人为主要消费群体的时尚休闲购物中心。它分为南、北两区，北区趋于包容创意、设计的高端先锋品牌聚焦地，以奢侈品牌、办公区域为主；南区则偏重于年轻人吃喝玩乐的休闲区，主要满足年轻时尚多层次的消费需求。南、北二区集购物、休闲娱乐、艺术、文化交流于一体（图 5-47、图 5-48）。

太古里不仅商业发展走在世界的前沿，其在艺术文化和休闲生活的营造上也极其丰富多元，充分体现了它的人文气息。在这里，经常有艺术展、文创展等各种大型文化艺术交流活动，影响颇大，成为人文风尚的汇聚地标，全国人文商业体的典范。

图 5-47　三里屯商业区外景

图 5-48　三里屯周边艺术造型

与其高端时尚的人文形象呼应的是建筑艺术的融入。太古里的建筑整体相对统一，主要以现代化玻璃幕墙为主，并配以色彩各异的玻璃色块。单栋建筑外围都有独立的绿化带，体现了崇尚绿色自然的观念。建筑之间规划有一定的广场区域，是举行活动的场所空间。与建筑外观相对统一不同，各建筑内部风格各具特色，但又均具有透光、宽敞的环境营造特点。

三、上海 K11 购物艺术中心

上海 K11 购物艺术中心地处淮海中路，2013 年 6 月正式开业，是集购物中心、美术馆、餐饮中心等众多功能于一体的商业建筑，它将艺术、人文、自然 3 个核心理念融合运用到建筑中，致力于打造上海最大的互动艺术乐园，创造时尚的购物体验，为城市生活构建一个崭新的空间。

在规划设计上，上海 K11 购物艺术中心有许多创新之处。如建筑裙房外观改造时既保留淮海路历史建筑与新世界塔楼原始设计的同时，又对建筑物外观做了创新突破，为城市新兴生活方式提供了创新解决方案。尤其出色的是，整体建筑的动线采用了巧妙的“想象之旅”的设计手段，将 K11 的各个部分都与自然界明确相关（森林、湖泊、瀑布、垂直花园等），并在叙事顺序中彼此紧密相连。它是一条主线，贯穿了建筑内部充满想象力的各种体验，在生活元素和自然素材的点缀下，与艺术展示区、公共空间和高科技错落交织在一起。呈现在大众眼前的不仅是一座购物中心，更是一座艺术博物馆、环保体验中心，使人们得到艺术欣赏、人文体验、自然绿化与购物消费等多元化体验（图 5–49）。

图 5–49　上海 K11 购物艺术中心

在商品展示与门店设计方面，上海 K11 购物中心也突破了单纯依靠广告牌、商店门面和橱窗商品装饰的直观宣传展示手段，而是在许多大牌商店的门店采用与商场整体设计相统一的风格，并在这个大原则下进行差异化设计，特色化品牌商品展示。橱窗展示也是如此，采用平面构成中的特异手法，不同楼层中的设计统一中又有变化。

图 5-50　上海 K11 购物艺术中心内景

公共艺术在上海 K11 购物艺术中心无处不在，艺术典藏作品分布于各个楼层，中心拥有 3 000 平方米的艺术空间，与世界顶级画廊和艺术家合作，经常举行艺术交流、互动、展览、沙龙、演出等活动，并通过官网、新媒体等进行全方位多角度的互动（图 5-50）。

从整体定位来看，上海 K11 购物艺术中心通过艺术人文与商业的结合，打破商品与艺术品的固化属性，让艺术附着商业，商业带领艺术。它强调了文化的内涵，注重消费者的购物体验，创新服务模式，对当下的购物中心有很好的借鉴意义。未来的购物中心发展，将更加注重多元化、个性化、体验化，不再过分关注主力店，重视每个店面的规划设计，实现产品价值最大化，从而提高总体综合水平。公共艺术在商业设施中的发展将会得到更大的突破，发挥出更大的社会价值。

第六节　工业遗产

一、北京 798 艺术区

798 艺术区位于朝阳区大山子地区，作为中国当代艺术的一个新地标已经闻名世界，是当代艺术、建筑空间、文化产业与历史文脉及城市生活环境有机结合的范例。这里原是“一五”时期的重点项目——国营 798 厂等电子工业老厂的所在地。20 世纪 50 年代，中国、苏联、东德共同见证了它的设计建造，建筑采用了现浇混凝土拱形结构，巨大的现浇架构和明亮的天窗，为其他建筑所少见，是实用与简洁完美结合的德国包豪斯风格的典范之作。

随着北京城市的规划发展和电子工业厂的外迁、整合重组，2002 年，一些具有超前眼光的艺术家开始进驻，风格简洁的旧厂房、宽敞明亮的大空间，只要稍加改造，就被赋予浓厚的艺术气息，正适合艺术家们进行艺术创作与举办展览交流活动。他们在保护原有历史文化的基础上，对工业厂房进行了重新定义、设计，体现了对于建筑和生活方式的创造性理解，展开了实用与审美之间与厂区旧有建筑的生动对话。走进艺术区，仍然可以看到许多那个年代留下的时代记忆（图 5-51）。

在艺术家群体的带动下，越来越多的行业群体纷纷入驻。如今，它已经成为一个集艺术中心、画廊、艺术家工作室、设计公司、广告公司、时装、家居、酒吧、餐饮等于一体的艺术社区，它所打造的具有国际化色彩的“SOHO 式艺术聚落”和“LOFT 生活方式”，备受世人关注，是近距离观察当代艺术的现场，是世界了解北京当代文化与艺术现象的一个理想之地（图 5-52）。

图 5-51　北京 798 艺术区外景

图 5-52　798 艺术区涂鸦作品

二、北京 751 艺术区

北京 751 和 798 有很多的相似之处，也都见证了我国工业援建和国有企业的转型发展史，然而在工业遗产的活化、改造上，则有显著的不同（图 5-53）。

北京 751 的所有者和运营者是正东电子动力集团，曾为北京的煤气供应做出了重大贡献。2003 年，因产业结构调整而停止运营。面对大面积的废旧厂区，政府一开始就介入其中，确定了以能源产业和文化创意产业为目标、以时尚和设计为主题的定位要求。

图 5-53 北京 751 艺术区

时尚和设计的定位规划决定了北京 751 是面向市场的，它试图通过改建打造一个推动原创设计、国际交流、设计产业交易的平台。因此，企业入驻标准严格，只有符合其定位要求的方能入驻其中。北京 751 比较重要的建筑和场域有由工业库房改建的时尚设计广场、动力广场、火车头广场等。其中北京时尚设计广场主要是老厂的金属储藏库，其中保留了原有墙面，内部设施先进，如 A 座的中央发布大厅，用做时尚发布会现场，可容纳 300 ~ 500 名观众。动力广场则更多用于文化表演。火车头广场上的火车是 20 世纪 70 年代初制造的，具有铭记性的历史价值，承载着历史气息，而且也意味着老工厂焕发艺术青春。751 的定位和平台吸引了许多大品牌在此举行发布会等时尚活动，成为一个很好的设计师工作室与展览的聚集地(图 5-54)。

时尚设计的发展计划使得北京 751 保留了大量的工厂遗迹和公共空间，老旧工厂与时尚的结合，也营造了极强的视觉冲击力。它依然是一个见证着中国工业文化发展历程的地方。

751 厂房改建将自己定位为时尚和设计的基地，是一个在老厂房改造中抓住定位、有创新意义的突破，并结合了 751 本身的建筑存留，将工业和设计联系到了一起，融入艺术的元素，使其重新焕发了活力。

图 5-54　751 工厂遗址

三、上海虹口音乐谷

上海音乐谷地处虹口区中心的嘉兴路地区，以海伦路、溧阳路、四平路、周家嘴路围合的区域为主，其中核心区域处在虹口区的腹地，俞泾港、虹口港、沙泾港在这里交汇。现在，它成为上海唯一一片以音乐为主题并已形成相关产业链的独特区域。音乐谷以老洋行为中心，划分为国家音乐产业基地、音乐体验休闲娱乐、石库门历史文化遗产保护、历史风貌居住社区、音乐特色商务及设计精品酒店五大功能区，国际美术节、音乐戏剧节等活动不断被融入，相关音乐机构也进驻其中。

音乐谷所处的地区历史积淀深厚，形态丰富，保留了许多河道和具有百年历史的桥梁，是上海市独特的滨水社区，也是上海唯一较为完整保存了水系格局的历史文化风貌地区。这里曾经厂房林立，有牛羊交易市场、工部局宰牲场、制冰厂、制药厂，存有许多旧式里弄、公共遗产和工业建筑。然而，附近工厂的发展导致环境和水域的污染。因此，2011 年《上海市文化创意产业发展“十二五”规划》和《虹口区北外滩金融和航运服务业综合改革试点方案》的市重点文化创意产业项目中，将上海音乐谷考虑其中，就设置在虹口这片区域。

该项目进行了主题式街区的整体开发和改造，在对河道整治、工厂搬迁、建筑翻新、灯光改造的同时，也对部分民国遗迹和旧址进行保留并进行风格的延续，形成创意园区、居民社区与商业街区的融合，丰富了园区功能的多样性。一些遗迹和旧址虽然功能不再，但具有极强的市井生活气息，也有助于音乐谷空间基调和主题的奠定；有些旧的工业建筑经过翻修后也对外进行办公和进行创意商业招商。整个过程体现了公共艺术走进社区的观念，是一场城市审美运动(图 5-55)。

图 5-55 上海虹口音乐谷区域产业链

不可否认，上海虹口音乐谷对工业遗产的整治处理颇有成效，带来新的商业生机，但是也暴露了一些城市公共空间建设中的问题，如规划与现实之间的不平衡、公众参与性的不足等。如何将民众的意见直接运用到项目发展中去，拉动与民众的互动性，是我们应该考虑的问题。另外，大部分的工业遗址都是向文化产业方面转变，改造成艺术区、音乐区、博物馆等，但实际上，也可以打破原有的程式化方向，拓宽思路，如改建成学校、商场、旅馆等各种其他的公共建筑空间。总之，艺术能促进城市提升，但要走的路还很长。

第七节　社区与校区

一、石家庄《戎冠秀与子弟兵》雕塑

《戎冠秀与子弟兵》雕塑位于河北省石家庄市，是以红色经典人物戎冠秀为主题的公共艺术。生于 19 世纪末的戎冠秀在过去战乱的岁月里有着非同寻常的革命经历，年轻时便加入了中国共产党，为八路军筹备过粮草，当选过妇女救国会会长，参加过开国大典，受到毛泽东、周恩来等国家领导人的接见。新中国成立后，戎冠秀又积极致力于大生产与学校发展建设，用其无私奉献的一生演绎了一位拥军爱国的无产阶级先锋、劳动模范，有“子弟兵的母亲”之称。2009 年，更被评选为新中国成立以来感动中国、为国家做出杰出贡献的“双百”人物（图 5-56）。

图 5-56 《戎冠秀与子弟兵》雕塑

花岗岩雕塑围绕着戎冠秀的人物背景与事迹，整体似一面旗帜，以横向构图刻画了戎冠秀子弟兵母亲般的伟岸、无私精神；浮雕上则以艺术的手法再现她带领妇女救国会会员日夜忙碌，送水送饭、慰劳军队、抢救伤员，致力于粮食生产、学校教育等生动场景。《戎冠秀与子弟兵》凭借其生动的艺术表现，凸显红色文化，具有鲜明的纪念意义和社会教育功能，曾入选由全国雕塑建设指导委员会评审的优秀雕塑名录。

作为一个以革命题材、以现实主义手法创作的雕塑，《戎冠秀与子弟兵》讴歌了拥军爱民、无私奉献、不畏艰难、团结奋进的红色精神，提醒人们不忘过去，珍惜和平，是一部鲜活的爱国主义乡土教材，有利于凝聚城市文化的向心力，推动城市精神文明建设。

二、中央美术学院校区

中央美术学院新校园位于北京市望京的大窑坑东部，落成于 2006 年，由吴良镛院士领衔设计。新校园采用平铺式布局，罗马万神庙式风格，以中央庭院为中心，前为宽阔、庄重的广场，后为以水为主题的互通的梯形庭院群，形态各异，环境优美(图 5–57)。

图 5–57 中央美术学院

这个整体协调、空间层次丰富、别具雕塑感的建筑群，充分发挥了中国式古典书院格局与西方大学格局的各自特色，结合地段、环境、人文，融建筑、园林、规划3个理念于一体。在规整之余，也充分结合丰富的几何造型，穿插嵌入方形、圆形、三角形等于建筑之中。不同的建筑之间在色彩、风格上也互相呼应。无论是从功能还是艺术审美等方面，中央美术学院新校园都独具特色。

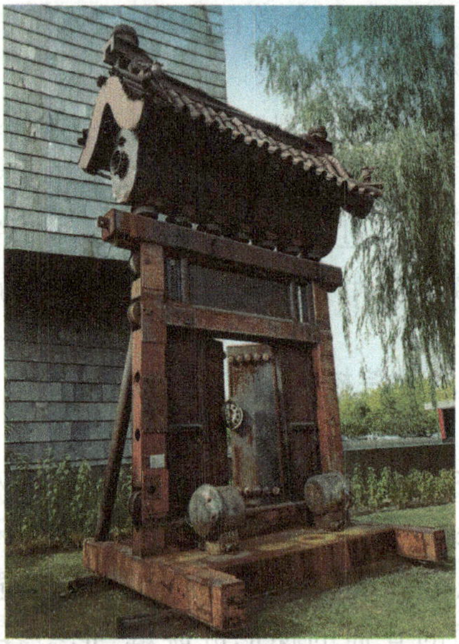

图 5–58 校内艺术景观

景观的营造与环境的生态处理是中央美术学院新校园的亮点所在。校园西侧原为南湖公园，因建筑垃圾填入导致水面消失。面对生态错位，规划设计者决定将废弃之地加以改造，采用积极策略进行环保处理，利用其现实生态位，变垃圾坑为沿环形台地向公园方向延伸的层层跌落的景观结构。并在原有基础上，增加小山林、绿化看台，利用落差地势，设计了下沉式体育场、露天剧场及系列庭院空间，丰富了空间的趣味性与吸引力。这种景观营造不仅减少了建筑施工量及成本，还合理利用了环境资源，开发了潜在的生态位，符合绿色建筑评价标准中对选址的要求。因此，中央美术学院从生态现实出发，从功能需求与审美需要着眼，敢于积极改造，并加以创新，善于将文化、环境、造型、效用等设计思维相结合，值得城市公共空间规划建设者学习和参考（图 5–59）。

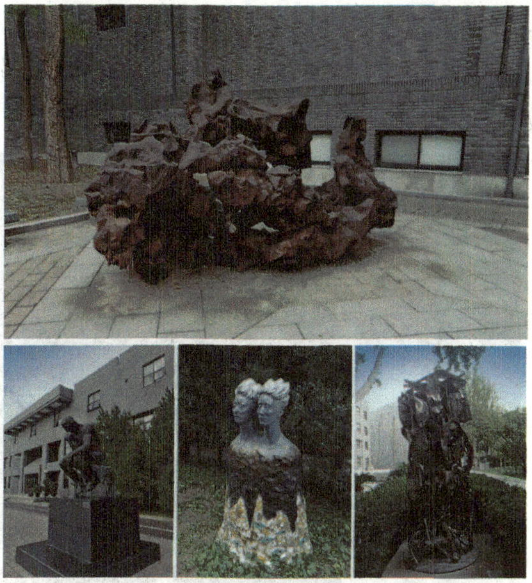

图 5–59　校园内的其他艺术造型

三、四川美术学院虎溪校区

在众多的美术学院中，四川美术学院虎溪校区是一座很有特色的学校，在这里，传统与现代、乡土文化与都市文化水乳交融。可以见到原生态的乡村、农作物、稻田、石雕门、石牌坊、泡菜坛子、破旧的老式大床、亭台、石桥和公园式的小山石径，也可以见到各种现代雕塑、涂鸦、建筑等。这样的兼容并存，赋予这座学校极其浓厚的巴蜀地域特色和艺术气息（图 5–60）。

四川美术学院虎溪校区采用了“农村原生态”的独特设计理念，这种特色理念与 20 世纪 80 年代乡土绘画发端一脉相承。整个校区占地 67 公顷，为了体现自然生态的和谐，不破坏原生态的山际线、天际线，校区建设不挖一座山，保留原有的山头，连农舍、水渠等建筑设施都一并保留。在农村征地拆迁、旧城改造的浪潮下，虎溪校区在营建中却选择了历史记忆的延续，既对场地进行了保护，也表现了对人的尊重。校区采用尽量低的成本、尽量少的人工投入与最低限的设计，以尊重、让步、限制为主导。它的规划不是重建，而是在原有基础上将校园功能“植入”。规划从一开始就进行大量的留白，为学校的未来发展预留出充分的土地和空间，体现了校园规划与发展的可持续性。

图 5-60　四川美术学院虎溪校区生态景观设计

乡土的重现与再造，是四川美术学院虎溪校区的自觉选择。避免大面积的开挖填土，只进行必要的微地形处理，为校区留下了原汁原味的山地特色；原生场地中的土壤、植被、水系等已经形成天然的良性循环，校区依循原有的水系整理水渠，增添一块池塘。在坡地梯田景观的基础上，“荷塘—稻田—鱼塘—溪流”的山地湿地生态系统中的汇水、循环也是完全沿用了农田景观的方式。

四川美术学院虎溪校区中的现代、传统、街头、乡村，似乎有些荒诞芜杂，却正体现了其凸显地域文化以及“博采与融汇”的开放包容精神。在保护原生地域特色的背景下，四川美术学院虎溪校区颠覆了校园传统格局，代之以自然景观为空间主体的特色，成为田园式公共艺术项目的典范。来往人们不仅把它看作一座艺术校园，还将这里视为一个富有生活气息的赏春之地、回忆巴蜀的公园。

第八节　标志性节点

一、广州五羊石雕

广州的石雕众多，但能够成为广州第一标志的则是五羊石雕，它源于广州“五羊衔谷，一茎六穗”的神话传说。广州阳光充足，气候温和，雨量充沛，农作物繁盛，可在先秦时代，岭南地区较为落后，传说的出现正是古代重视农业文明的广州人向往谷物丰收的美好生活的反映。这个神话世代流传，影响深远，这也是广州别名“羊城”“穗城”的由来。五羊石雕的特色就在于它是立足于这个神话传说而加以设计的（图 5-61）。

图 5-61　广州五羊石雕

1959 年，根据“五羊衔谷”的神话传说，雕塑家们发挥其超人的想象力，创造了五羊塑像。它位于越秀山的木壳岗上，整体高 11 米，用花岗石雕刻而成。5 只羊大小不一，最高处的大山羊正居中心，口衔“一茎六穗”的谷物，昂首远视，深沉雄劲。其余诸羊则神态各异，或饮水吃草，或游玩嬉戏，或舐犊情深。总之，这些羊姿态各异，惟妙惟肖，使得神话传说中的五羊更富有生活气息。五羊雕塑构思巧妙,又根植于本地文化,赢得了人们的喜爱,不仅成为越秀公园的著名景点,也成为广州对外宣传的形象标志。

2007年第十六届亚运会的会徽也是设计者从五羊石雕中汲取的灵感,从而设计出了类似“五羊”雕塑标志的圣火图案,设计同样获得了大家的认可与喜爱。

正是因为五羊石雕的影响力,越秀公园于1990年将五羊石雕景点拓展成“五羊仙庭”,由原作者尹积昌主持创作浮雕,并增设其他建筑设施。作为公共艺术结合地方传统民俗文化的典范,五羊石雕也具有借鉴意义。

二、石家庄《胜利之城》雕塑

石家庄在中国近现代史上有着重要地位,而矗立在石家庄老火车站站前广场的《胜利之城》雕塑即是基于这样的历史背景。读懂了一座雕塑,也就读懂了一座城市骨子里流淌的红色精神。1947年11月12日,是石家庄历史上里程碑式的一天。中国人民解放军经过6个昼夜的激战,终于取得了解放石家庄的重大胜利,它是中国人民解放军战略反攻夺取的第一个华北大城市,成为夺取大城市的创例,实现了中国共产党从农村向城市转移的第一步,为解放全中国打下坚实的理论与实践基础。

《胜利之城》雕塑的设计就来源于此。为了纪念中国共产党成立九十周年而敬献,2011年7月1日正式落成。雕塑分为上、下两个部分,整体通高12米左右,主要由飘扬的红旗和28名持枪欢呼的战士构成。奋勇直前、士气激昂、积极向上的姿势与漫天的红旗象征着战争的胜利,寓意着一颗划破黑暗的胜利之星落向中华大地,燃起熊熊之火,照亮解放全中国。

这座雕塑作品对于石家庄城市的意义在于,它从石家庄城市的光荣革命历史这一实情出发,探寻城市文化的根,塑造城市文化的魅力,从而既铭记了历史,又体现了新中国成立以来石家庄人的进取精神。纪念过去，不仅仅是歌颂辉煌历史，更是着眼于城市当下和未来的发展（图 5-62）。

图 5-62　石家庄《胜利之城》雕塑

三、青岛《五月风》雕塑

作为中国近现代史的分界线，1919 年的五四运动在历史上的意义自然深远，而五四运动的导火索就是巴黎和会上中国关于山东问题特别是青岛主权问题的谈判失败。位于青岛五四广场的《五月风》雕塑正是抓住这一重大历史事件而设计。它不是属于某一个人，而是真正属于一座城市。

青岛《五月风》雕塑成为青岛最新的城市形象标志，这与它的象征寓意分不开。《五月风》雕塑以钢板为材质，高 30 米、直径 27 米，呈螺旋上升的火炬造型，手法洗练，线条简洁，质感厚重，周围的林带将其烘托而出，塑造了蓬勃向上、腾空而起的雄风气象。它凭借积极向上的正能量感染了无数游客，是了解百年青岛和民族荣辱兴衰的一个很好的切入点，因而入选中国十大“正能量”城市雕塑（图 5-63）。

《五月风》雕塑与广场一并修建于 1997 年，正处五四广场中轴线上，紧邻市政府办公大楼，更突显其庄重。从整体来看，它与南面浩瀚的大海和周围的园林融为一体。广场上的旱地定点喷泉和海上百米喷泉也各具特色。旱地定点喷泉可按不同形状、高度进行喷射；距海岸堤坝南160米的海上百米喷泉则是我国第一座海上喷泉，先进的高压水泵技术的运用使得喷泉喷涌的水柱效果极其壮观。另外，利用海滨城市的天然优势，广场的亲水性带动了区域的互动体验。因此，五四广场在突出城市历史纪念与新时代下正能量传递的同时，兼顾了娱乐、休闲、文化的公共功能，它们相互联系，丰富了功能设计。

图5-63 青岛《五月风》

四、辽宁《营口之帆》雕塑

辽宁《营口之帆》雕塑的建立与营口市乃至辽宁营口沿海产业基地的经济发展有着密切的关系，具有历史记忆与未来展望的象征意义。从东北地区老工业基地振兴战略的提出到新一轮振兴机遇的到来，辽宁营口沿海产业基地凭借优越的地理位置，抓住机遇，大力开发建设，力图将基地打造成为未来营口市以及整个辽东湾区域的政治、经济、文化、教育、信息和商贸休闲中心。

《营口之帆》雕塑即位于辽宁营口沿海产业基地内，从其经济发展内涵与诉求出发，充分结合营口滨海的地域文化特点，选择“船帆”为造型，而向上升起的帆船造型象征扬帆起航。这种简洁明了的设计语言，明确表达了辽宁营口沿海产业基地蓄势待发、乘风破浪的饱满信心与改革创新发展的决心。从这里也可以看出，营口之帆是海洋文化与现代文明相互融合的典型物化载体，它更注重的是通过公共艺术将一座城市精神的凝聚（图5-64）。

另外,《营口之帆》雕塑作为公共艺术,它的艺术性集中体现在其充分融入周围环境之中。《营口之帆》形体挺拔向上,与相对空阔平坦的周边形成对比;而白色烤漆的设计,与地面的绿色、天空的蓝色也形成鲜明对比,营造强烈的视觉冲击。作为公共艺术,它在为营口增添了亮色的同时也树立起一座新的地标。《营口之帆》以扬帆出海的立意,以其所赋予的城市精神激励着人们共同进取的斗志,促进辽宁营口沿海产业基地的蓬勃腾飞。

图 5-64 《营口之帆》

五、日照帆塔

城市雕塑代表着一个城市的文化品位和市民的精神风貌,但城市雕塑的成功与否,与有没有把握住一个城市独特的文化属性有很大关系。因“日出初光先照”而得名的日照市,临近黄海,是典型的滨海城市,这里有着深厚的文化底蕴,海运较为繁荣。日照帆塔正是立足于日照独特的阳光文化、海洋文化、水运文化而设计的(图 5-65)。

日照帆塔位于日照水运基地,又被称为水运基地目标塔,因以船帆造型而得名。帆塔总高近 60 米,由上部雕塑和下部建筑组成,上部雕塑 17 层,是水运基地的最高点,并与不远处的“世纪之帆”建筑彼此呼应。同时,帆塔在设计中注入了动感的美学,当远眺伫立在水边的帆塔时，就像一叶在大海中航行的帆船，生动逼真，成为日照市海边的地标性建筑。而且，帆塔的设计不仅具有观赏性，还有实用性，它东侧正对水上运动基地的赛道终点，是作为电子裁判和终点裁判计时场所而设计的。

图 5-65 日照帆塔

由此可见，帆塔作为公共艺术，它的创意体现了尊重自然原生态、重视地域的生态文化性，将阳光文化、海洋文化、水运文化，尤其是后二者充分与水运基地的内涵、功能相结合起来，它所体现出的整体文化价值也是其公共性在更广义上的一种延伸。不过，帆塔也有不足之处，它对迪拜的"帆船酒店"的模仿以及与周围环境的不协调等问题，值得公共艺术设计者去探讨和规避。

第六章 城市公共艺术的发展展望

城市公共艺术的发展要继承传统并符合时代发展的需要。随着时代的发展，城市公共艺术作品的创作既要满足大众的审美需求，同时还要考虑其社会公益价值以及对生态环境的影响，从而走出一条良性发展的道路。

第一节 城市艺术化与公益化结合

社区是城市的基础和大化的细胞，社区生存的状态和文化品位的优劣关系着社会和市民的前途和幸福，研究近代城市史较早的美国学者曾指出：个人的认同感和生活方式源于他参与自己所属群体的生活。无论是在过去还是现在、各群体的文化认同感和生活方式根植于该群体所在地区的历史及他们自己的社会经历，可以认为一个群体的文化产生于该群体在某一特定地域内生活的历史和社会经历。应该说，除了家庭之外，社区是人们作为“社会人”的自我演练和群体依托的出发之地和回归之地，这就需要公民在享有民主自由权力的同时担负起共同的社会责任，保持城市和社区文化和政治的公共参与的热情，这是需要人们长期做出努力的事情。美国辛辛那提大学历史系教授、美国城市史研究会前任主任赞恩·弥勒在对现代美国城市社会中出现市民中对自身公民身份的淡化、公益思想的黯然失色表示遗憾时指出：“社会宿命论强调的不是个人，而是集体。在社会上外在因素的影响而形成的各个社会群体能够相互影响并促成社会进步……”

城市公民履行其良好的公民义务，增强群体间的理解和宽容，为城市和政治体制的正常运转而牺牲个人的利益，都是维护和推进多元文化进步的基础。但是，自从对城市有了新的认识后，上述思想被取代了，并且产生了始料不及的严重后果。它把我们从宿命论的监禁下解放了出来，为许多人提供了更多行使自己权力的机会，使尊重和保证他人行使权力成为绝对之必要。可以肯定，我们中间很少有人愿意放弃得解放的机会和选择生活方式的机会，但是对绝大多数人来说，他们在尊重别人选择自己生活方式的同时，却丧失了公民应有的城市和政治美德，对公众利益漠不关心。

在中国的部分城市中，到21世纪初才出现了在政府督导下（如《中华人民共和国城市居民委员会组织法》等实施办法）进行社区（街道）居民委员会的选举，意在扩大社会公民有序的政治参与，健全和完善以民主选举、民主决策、民主管理和民主监督为核心的社区民主自治制度，改善和强化社区的自治功能，社区居民普遍具有优良的公民美德和高度的公益责任心，其间还存在着很大的距离，而到达或基本到达这样的境地还有很长的路程等待我们去走。在一个处于历史转型时期的社会中，民众置身于一个新的社会环境及文化语境之中，传统的社会控制力量趋于消退，许多以往的生活习俗和思想观念开始退出现实舞台，而市民大众在新的有关金钱、权力、名望、自由等诱惑下又如何建立起符合新的社会理想和行为规范以及符合当代社会的道德和人格理念，将是当代和未来城市文化的重要课题，一个城市社会的文化和制度，向来都包含着物质文化和非物质文化这两个基本范畴。其中，非物质文化是由价值观念、社会伦理、道德规范及审美文化等组成的，从中国近20年来的发展中我们已经能够清晰地看到一种几乎无所不在的情形，即物质文化发展变化的速度和幅度远远大于非物质文化方面，两种文化形态的发展极不协调和平衡，从而导致人们失去作为一个社会公民应有的道德和行为准则，淡漠了社会的公共职责与规范，从许多大众媒体的调查报告中都可使人们警觉到市民的公共道德素养和人格修养状态的低下令人担忧。例如，在首都北京这样的首善之区，市民之中在对待社会公共职责、公共参与、公共道德、公共环境、公共卫生以及对于社区公共事务、互助互利、见义勇为、人际交往礼仪或对待外来就业人员的态度等方面的表现，普遍显示出低水平的定性评估，这已是不争的事实。实际上，这在全国各地属于普遍现象。因此，作为当代和未来社会文化建设的一个组成领域，公共艺术在城市及社区的非物质文化建设中，理所当然应该注重其文化理念的传播和艺术行为过程中的社会价值及公共精神的弘扬。当然，它不应该流于某种平庸化和表面化的道德说教或政治宣传，它的魅力和职责之一在于通过艺术和艺术的推广方式去感召和干预社会生活

在未来的社区文化建设中，公共艺术除了要担负起社区视觉和生活环境品质的改良与美化之外，必然要尽可能部分地担负起不断唤起社区公民的公益责任心、凝聚力和荣誉感的重任。也就是说，使社区的公共艺术的方式和过程要更多地成为公众美育、公共利益及公共道德的自我教育、自我学习及自我认同的重要途径。从一定的意义上说，艺术比其他方式（如宗教、政治、经济等方式）缺少直接的利害关系，而有较多文化的包容和交流的可能。人们往往可能通过对于艺术活动的参与，批评甚至冲突之后达成某种理解和妥协，消除某些隔膜与偏见乃至群体间的某种反感而达成相互间的接受与理解，这种社群间的如同游戏般的艺术的对话和沟通活动，往往可能使得人们对他人和自我给予更多的了解和宽容，并实现对等级社会和现实生活的某种超越和升华。正所谓“在当代多元文化的世界中，通向和平共处和创造性合作的可靠途径不是从政治观点、信念、敌对情绪或同情出发，而是从所有文化的共同基点，是从人类灵魂深处出发，从超越自我开始”。国家与国家或民族与民族间的关系如此，城市和社区内部的民众之间的关系也是如此。艺术就是通过人们不同的生活体验、情感及意志的交流和撞击而使得更大范围内的人们（尽管他们的社会身份、信仰和文化背景存在着差异）达成一定的相互谅解和自我超

越，并对那些必须共同面对的人类终极问题予以更为自觉的关怀。因此，未来公共艺术建设应该促进社区民众的生活（包括精神文化生活）自觉朝着自立、自足、民主、自律、共建、共享和艺术化的（审美的具有精神愉悦和创造性的）美好生存境地发展。

第二节 城市人文与生态的和谐

城市公共艺术的设计、实施与维护绝不应该脱离对城市所具有的地理环境和自然资源的战略性考虑，无论是出于对人类赖以生存的自然资源的爱护，还是出于对地方性特色表现的某种需要，都使我们有必要从一个地方或区域的生态及大景观的视野去考虑共公艺术的存在基础。可以说，如果有适宜人类生存和能够愉悦生命的生态环境而仅存有纯粹人造的物件，或以失去和破坏前者为代价，那么艺术的魅力及内在的意义也就不复存在了。因此，使公共艺术的创作设计和实施过程积极地融入到与其所在地区的生态及景观价值的维护行为中去，是十分必要的。事实上，也只有如此，人们才可能喜爱和并受惠于城市的公共艺术环境及共显现的文化语境其间。保持和养护人居环境及各类公共场所的绿色生态并坚持维护生态的多样化及其审美特性，是当代公共艺术建设中的一个重要的文化内涵和任务，客观上随着时代的发展和人们认识的进步，追求人生的丰富和幸福、精神文化的愉悦和充实以及自然的平衡已经走向理性思维及价值理解的统一。在维护生态和环境的建设方面，发达国家的公众意识及素养显然处于普遍的先行位置（图 6–1）。

实际上，人类在营造早期的住宅和城镇的时候，就非常懂得与自然和睦、和谐地相融相处，懂得巧妙的趋利避害，因地制宜的生存原则。

图 6–1 杭州西湖全景

就艺术造景和营造宜人的环境氛围而言,生机勃勃的花草植被和成片的林木树荫可以成为诸如雕塑、壁画、装置、水体、建筑等艺术形式的环境背景乃至构成作品艺术表现力的一个有机组成部分,构成自然亲切、舒适宜人的娱乐、休闲、健身和审美场所的重要内容元素,成为人们充分感受和联系自然生命的伴侣。因此,我们在城市景观和公共艺术的规划设计中,绿色生态的引入和加强将有利于软化和净化城市的土地与环境,有利于改善人居环境的生态品质及视觉心理,使人们在渐渐远离自然和乡村景观的现代城市中有机会就近感知到绿色生态带来的恩赐和抚慰,并在欣赏公共艺术的同时体味自然的韵味。我们从古代和当代世界上的艺术实践来看,运用天然材质(如石、木、土、水、植物等)的造型和与自然环境景观相融合的造物、造景和造境方式所形成的艺术作品(包括整体氛围),有可能在其体量、气韵和精神内涵的诉求上,更加体现出自然和人的生命精神的伟大与深邃。

城市中优秀的公共艺术设计与本区域的整体规划设计是分不开的,它是建立在城市的建筑规划、自然形态及人文资源基础之上并富有对自然和人性的深度关怀的精神特质。

城市设计及生态专家理查德·瑞吉斯特道:“人们居住在城市中,部分是因为城市的良好结构意味着他们能够用更少的能量、努力、时间和费用做更多的事。城市是文化生活的自然组织模式,如果城市布局得好,功能也完善,城市可以是一个使文化和自然融合的极佳的工具。”在我们的公共艺术建设规划中，尤其是涉及较大的空间区域的项目，应该注意到与城市宏观规划相匹配并为大型都市建立必要的城市分中心（为减轻城市交通压力和所需的时间成本）及其艺术景观而起到积极的作用，使得公共艺术不仅仅是用来装点城市原有的中心区域及其主要广场，而是使其在城市的分区规划中适量而有机地融入其中，成为不同形态的社区居民文化和生活场景的组成部分，而绝不是把公共艺术作为与城市社区的人文历史及当代生活需求没有联系的纯粹的装饰品。

随着城市历史的积淀和变迁，给我们留下了许多十分珍贵的人文遗产，它们将作为公共艺术设计和表现的重要资源，这里所说的人文遗产主要是指那些承载和显现着城市（镇）中人们的精神情感、意志和价值观念的建筑实体及物质生活（包括世俗生活或宗教生活）的有形场景和器物等。它们对以往城镇社会的世情沧桑以及艺术文化的创造意识的真实“记录”加之它们的不可再造性，决定了它们是城市中人文精神和物质文明延续和光大的独特“档案”和资源。诸如那些具有鲜明的艺术特性和深厚历史文化积淀的传统民居建筑、典型的物态场景（如街道、集市、会所、码头、寺庙、戏台、祠堂、坛塔、园林及近代工业生产场所的遗迹等景观），由于它们在整体的视觉形态或局部形式的设计中蕴涵着独到的艺术魅力和鲜明的地域性人文信息，从而为今人和后人提供了现成的欣赏、教育和研究的“绝无仅有”的文化艺术遗产，为一座城市的市民保留和增添了少有的历史文化风采和有利用价值的休闲、娱乐及旅游的资源，为城市保留了难得的地方古韵以及过去与未来的联系渠道，而伴随着对城市中具有公共性的人文及艺术景观的维护与成功的开发（使之产生社会效益乃至经济效益），往往也促进着区域自然生态的良性发展。因为，这与城市生态规划和文化旅游点的生态保护原则是一致的。欧美和日本在对许多人文景观遗产的维护和利用中也带动着其周边环境的生态化管理，在这些发达国家中的许多地区，人均绿地拥有率往往在 $60m^2$ 或 $80m^2$ 以上乃至更多，形成了优美而舒适的城市生态环境，也为其硬质性的公共建筑和艺术景观提供了必需的生态氛围（图 6-2）。

图 6-2　日本京都金阁寺

对公共性历史文化及艺术遗产的维护和利用的根本目的，是为了维护文化艺术生态的多样性，也是为了维护人类自身及其文化创造的尊严，更是为了有益于一个地域社会和文化的可持续发展。但在我国一些经济和社会发展较落后的地区，由于过分偏重公共文化艺术遗产开发的短期经济利益，甚至为了满足少数人的利益，片面地把公共文化艺术遗产作为地方经济的摇钱树、钱袋子，由于在经济分配制度和综合管理方式上存在不合理、不民主等问题，损害了遗产所在地原居民的利益和保持长期性发展的可能性。使得原居民产生了如此的感受：自己祖宗们留下的文化和自己当今的生活环境仅成为向他人展览的场景，而自己只是为了索取生活资料而在其中扮演一种“表演者”或“兜售者”的角色。似乎当代外部生活的自然方式及内容与自己现时的真实生活失去了应有的联系，从而成了一种纯工具化的从属地位的人群，因此发出诸如我们的家门口天天来回游动着一批批猎奇的旅游者，我们已经丧失了原先的生活方式和能力，守着唯一的旅游生计（贩卖小商品或做商业性的导游和表演），自己的生活却十分单调，也缺乏长远的保障。一切都向商业化方式发展，但我们并没有真正在经济上和日常生活上得到多少利益。实际上，这不仅是个管理问题，更是一个地域文化和区域社会发展方向的战略性问题。从总体上讲，我们的地方文化艺术遗产及相应的旅游资源，不应该也不可能仅仅作为地方社会和城市经济发展的永久性动力或全部的依托，应该使历史文化及艺术遗产地的管理与开发与当地社会的主体结成真正的、持久的利益相关体。着眼于唤起和保护本地广大居民现时的自我创造与再开发的举措，形成新的符合本地社会和文化发展条件的自我造血机能和发展模式，在维护本地区文化艺术和自然资源的同时，尊重广大居民的原有生活方式和主体意愿，最终把传统文化艺术遗产的展示作为地方社会与外界交流并赢得声誉的方式，而得到一定的经济回报只是一种次要的补偿，而不是作为在根本上提升地方社会和经济（尤其是关于人的主体创造意识和能力）发展的内在基础（图 6–3、图 6–4）。

图 6–3　安徽宏村

图 6–4　安徽西递

参考文献

[1] 王曜，黄雪君，于群．城市公共艺术作品设计 [M]. 北京：化学工业出版社，2015.

[2] 中国建筑文化中心．城市公共艺术：案例与路径 [M]. 南京：江苏凤凰科学技术出版社，2018.

[3] 高颖，彭军，张品等．欧洲公共艺术 [M]. 南京：江苏凤凰科学技术出版社，2015.

[4] 王中．公共艺术概论 [M]. 北京：北京大学出版社，2014.

[5] 何小青．公共艺术与城市空间建构 [M]. 北京：中国建筑工业出版社，2013.

[6] 鲍诗度，王淮梁，黄更．城市公共艺术景观 [M]. 北京：中国建筑工业出版社，2006.

[7] 王晓燕．城市夜景观的规划与设计 [M]. 南京：东南大学出版社，2000.

[8] 王昀，王菁菁．城市环境设施设计 [M]. 上海：上海人民美术出版社，2006.

[9] 李铁楠．景观照明创意和设计 [M]. 北京：机械工业出版社，2005.

[10] 肖辉乾．城市夜景照明规划设计与实录 [M]. 北京：中国建筑工业出版社，2000.

[11] 郝洛西．城市照明设计 [M]. 沈阳：辽宁科学技术出版社，2005.

[12] 张京祥．西方城市规划思想史纲 [M]. 南京：东南大学出版社，2005.

[13] 蔡永洁 . 城市广场 [M]. 南京：东南大学出版社，2006.

[14] 王建国 . 城市设计 [M]. 南京：东南大学出版社，1999.

[15] 舒湘鄂 . 景观设计 [M]. 上海：东华大学出版社，2006.

[16] 许浩 . 城市景观规划设计理论与技法 [M]. 北京：中国建筑工业出版社，2006.

[17] 张斌，杨北帆 . 城市设计与环境艺术 [M]. 天津：天津大学出版社，2000.

[18] 许浩 . 城市景观规划设计理论与技法 [M]. 北京：中国建筑工业出版社，2006.

[19] 杨赉丽 . 城市园林绿地规划（第 2 版）[M]. 北京：中国林业出版社，2006.

[20] 郑强 . 城市园林绿地规划（修订版）[M]. 北京：气象出版社，2001.

[21] 金涛，杨永胜 . 现代水景设计与营造 [M]. 北京：中国城市出版社，2003.

[22] 徐峰，牛泽惠，曹华芳 . 水景园设计与施工 [M]. 北京：化学工业出版社 .2006.

[23] 张志全，王艳红 . 水体实例解析 [M]. 沈阳：辽宁科学技术出版社 .2002.

[24] 刘滨谊 . 城市道路景观规划设计 [M]. 南京：东南大学出版社，2002.

[25] 谭纵波 . 城市规划 [M]. 北京：清华大学出版社，2005.

[26] 王昀，王菁菁 . 城市环境设施设计 [M]. 上海：上海人民美术出版社，2006.

[27] 魏向东 . 城市景观 [M]. 北京：中国林业出版社，2005.

[28] 王浩，谷康，孙新旺等 . 城市道路绿地景观规划 [M]. 南京：东南大学出版社，2005.

[29] 戴航 . 城市道路景观设计与案例 [M]. 哈尔滨：黑龙江科学技术出版社，2007.

[30] 夏祖华 . 城市空间设计 [M]. 南京：东南大学出版社，1992.

[31] 李雄飞 . 国外城市中心商业区与步行街 [M]. 天津：天津大学出版社，1992.

[32] 刘滨谊 . 现代景观规划设计 [M]. 南京：东南大学出版社，1999.